当代新闻与传播学系列教材

武汉大学新闻传播学实验教学中心创新性实验教学改革项目成果

摄影技术基础

傅平　编著

WUHAN UNIVERSITY PRESS
武汉大学出版社

图书在版编目(CIP)数据

摄影技术基础/傅平编著 . —武汉:武汉大学出版社,2012.9(2018.7 重印)

当代新闻与传播学系列教材

ISBN 978-7-307-10071-8

Ⅰ.摄…　Ⅱ.傅…　Ⅲ.摄影技术—高等学校—教材　Ⅳ.TB8

中国版本图书馆 CIP 数据核字(2012)第 186527 号

责任编辑:易　瑛　　责任校对:刘　欣　　版式设计:马　佳

出版发行:**武汉大学出版社**　　(430072　武昌　珞珈山)

　　　　　(电子邮件:cbs22@ whu.edu.cn 网址:www.wdp.com.cn)

印刷:湖北恒泰印务有限公司

开本:787×1092　1/16　印张:10.5　字数:243 千字

版次:2012 年 9 月第 1 版　　2018 年 7 月第 4 次印刷

ISBN 978-7-307-10071-8/TB · 37　　定价:46.00 元

傅平，男，1958年12月生，学历本科；现任武汉大学新闻传播学国家级实验教学示范中心副主任、高级工程师、高级摄影师，从事摄影实验教学工作近30年。2006年成功申报"新闻传播学国家级实验教学示范中心"主要参与者。现任中国高等教育学会摄影教育专业委员会理事、湖北省高校摄影学会理事、中国民俗摄影家协会会员、湖北省摄影家协会会员；曾多次获湖北省教育厅颁发的理论教学奖、优秀指导教师奖、摄影优秀组织奖。开有"摄影技术基础"、"新闻摄影"、"广告摄影"等课程、论文《创建传统摄影与数码摄影相结合的摄影实验室》2010年发表于上海交通大学核心期刊《实验室研究与探索》第29卷第3期，论文《新闻图片的"厚度"："荷赛"奖作品评析》2011年发表于核心期刊《新闻与传播评论》2011年卷，另发表其他论文10余篇。2011年夏天，单人独车穿越藏域高原，历时24天，往返行程8448公里，共拍摄照片6100余幅，在省高校、武汉大学分别举办了题为《穿越藏域高原》的个人影展，《穿越藏域高原》的画册也即将由武大出版社出版。此次带回的6000余张照片，为摄影教学提供了丰富的第一手资料。

目　　录

绪　论··· 1

　0.1　摄影技术基础实验目的 ··· 1

　0.2　摄影技术基础实验的学习方法 ·· 1

　0.3　本课程成绩评定与考核方法 ·· 3

　0.4　摄影实验室规则 ··· 3

第1章　照相机成像原理··· 4

　1.1　针孔成像原理 ·· 4

　1.2　透镜成像原理 ·· 4

　1.3　镜头加膜 ·· 5

　1.4　如何清洁镜头表面加膜层 ·· 6

　本章思考与练习 ··· 6

第2章　照相机的基本结构·· 7

　2.1　镜头 ··· 8

　2.2　快门 ·· 19

　2.3　对焦 ·· 24

　2.4　取景器 ·· 26

　2.5　输片装置 ··· 28

　2.6　机身与暗箱 ·· 28

　本章思考与练习 ·· 28

第3章　常用的照相机·· 29

　3.1　135 相机 ··· 29

　3.2　120 单镜头反光相机 ·· 31

　3.3　数码相机 ··· 32

　3.4　135 单镜头反光相机的功能及操作 ··· 40

　3.5　数码相机的主要功能及操作 ··· 54

　本章思考与练习 ·· 65

第4章　景深、焦距与超焦距··· 66

　4.1　模糊圈的概念 ·· 66

4.2 景深的概念 ·· 67

4.3 焦深 ·· 70

4.4 超焦距 ·· 71

本章思考与练习 ·· 73

第5章 胶卷 ·· 74

5.1 黑白胶片的基本组成 ·· 74

5.2 常用的黑白胶卷(负片)类型和尺寸 ······························ 75

5.3 黑白胶片的特性 ·· 75

5.4 彩色胶卷的类型 ·· 78

本章思考与练习 ·· 83

第6章 摄影的曝光、测光与用光 ···································· 84

6.1 曝光 ·· 84

6.2 测光 ·· 88

6.3 用光 ·· 92

本章思考与练习 ·· 99

第7章 摄影的画面构图 ·· 101

7.1 主体突出 ·· 101

7.2 摄影角度与距离的构图形式 ······································ 105

7.3 黄金分割法和线性构图 ·· 110

本章思考与练习 ·· 113

第8章 摄影的技法 ·· 114

8.1 集体合影的拍摄 ·· 114

8.2 风景拍摄 ·· 116

8.3 日出、日落和彩霞的拍摄 ·· 121

8.4 夜景的拍摄 ·· 122

8.5 动体摄影 ·· 127

8.6 舞台摄影 ·· 130

8.7 户外人像拍摄 ·· 132

8.8 花卉拍摄 ·· 135

8.9 儿童摄影 ·· 138

本章思考与练习 ·· 141

第9章 黑白胶卷冲洗 ·· 142

9.1 黑白胶卷的显影 ·· 142

9.2 停显、定影 ·· 145

9.3　水洗与干燥 ·· 146

本章思考与练习 ·· 147

第 10 章　黑白照片放大技术 ··· 148

10.1　放大暗房布局及放大机结构 ··· 148

10.2　放大步骤 ·· 152

10.3　黑白照片冲洗方法 ··· 155

本章思考与练习 ·· 157

绪　　论

　　摄影技术基础是一门以实验为基础的学科，众多摄影理论是通过对长期的摄影实践所得出的数据、结论、经验和资料进行分析、概括、总结和综合而形成的。反过来，摄影的实践又为理论的完善和发展提供了强有力的依据。

　　摄影技术基础实验是摄影教学中一门独立的课程，其目的不仅在于传授摄影知识，更重要的是培养学生较强的动手能力和良好的摄影素质。在课程中，学生应进行下列训练：掌握摄影前期拍摄和后期照片制作的基本操作，把握使用仪器的正确要领，取得正确实验数据，正确记录和处理实验数据以及表达实验结果；认真观察实验现象，进而分析判断、得出结论；正确有序地开展实验设计（包括选择实验方法、实验条件、所需仪器、设备和试剂等）；从摄影发展的过程来理解摄影技术基础的重要性；通过查阅书籍、网络有关摄影的文献资料以及有关成像原理的知识来获取更多的相关知识。

0.1　摄影技术基础实验目的

　　一是通过实验获得感性知识。加深学生对摄影技术基础的基本理论、基本知识的理解，了解摄影的基本原理。

　　二是进行严格的摄影技术基础实验的基本操作和基本技能训练，使学生能够正确使用传统相机、数码相机等常用仪器设备。

　　三是激发学生的摄影兴趣和灵感，培养学生独立进行实验、正确阐述实验结果的能力以及善于思考的习惯，让学生能够自由灵活地拍摄出不同艺术效果的照片。

　　四是培养学生严谨的科学态度、良好的实验作风和环境保护意识，为学生学习后续课程、参与实际工作和摄影理论研究工作打下良好的基础。

0.2　摄影技术基础实验的学习方法

　　做好摄影技术基础实验必须掌握以下几个环节：

0.2.1 实验前的预习

预习是做好实验的保证和前提。一般来说,实验课程是在教师指导下,由学生独立完成。因此,只有充分理解实验原理、操作要领,并明确自己在实验过程中将要解决的问题、使用的方法,才能积极主动、有章可循地进行实验,取得预期的成效,深切感受到做实验的乐趣和意义。

0.2.2 实验

学生要根据教师的指导,认真准确地操作,规范使用仪器设备,多动手、多思考,及时做好实验记录;仔细观察实验现象,学会观察和分析现象的变化,以便总结经验,提高实验效率。例如:在拍摄过程中,曝光的正确与否是一幅摄影作品成败的关键所在。在同等光线条件下,拍摄同一景物时,如果第一张的光圈和快门曝光组合不理想,即曝光不足或曝光过度,就应该将拍摄使用的曝光组合(快门、光圈)数据记录下来,并在此基础上重新设定光圈或者快门数值,从而达到第二张的正确曝光。

0.2.3 实验报告

做完实验后,根据教师的布置要写出实验报告,将感性认识提升到理性认识。实验报告要求内容确切、文字精练、书写整洁,应有自己的操作体会和认识。

实验报告内容包括以下几个部分:

(1)预习部分:实验目的、实验基本原理、主要仪器设备(含必要的元器件、工具)。

(2)实验操作部分:实验操作过程、实验数据和观察到的实验现象。

(3)实验效果及结论:实验数据的处理、实验现象的分析与解释、实验效果的归纳、对实验的改进意见。

0.2.4 视频教材和多媒体课件的教学方式

为丰富和创新本课程的教学内容和形式,作者自制了本课程的视频教材和多媒体课件。这是实验教学中图文并茂的一种创新性教学方法,能够在较短的时间内非常直观、生动地概括和演示基本操作技术、仪器设备的正确使用,从而能提高教学效率,使学生能够更快地理解和吸收新的知识。因此,要求学生按时、认真收看和体会并适应新的教学方式,做好笔记。

0.2.5 怎样进行研究性(设计型)实验

本课程教学有两种模式:

(1)在一定的时间内(一般指该学期规定的实验课时)完成所规定的实验内容,即基础性和综合性实验。

(2)时间和内容在一定范围内(一般指该学期规定实验课时以外的时间)可以由学生自由选择,即设计性实验。

若需做设计性实验,学生必须在教师的指导下,自行制定实验方案,向实验室申请所需要的仪器、设备,并提交清单,向指导老师报告实验意义、目的以及创新点。设计性实验必须要有结果。

0.3　本课程成绩评定与考核方法

总成绩=平时成绩占 50%+期末成绩占 50%。

以百分制为评定计分，平时成绩包括实验预习、实验基本操作、到课率、实验报告和实验室公益劳务等。期末考试采用笔试或者上交摄影实验作品的形式。

0.4　摄影实验室规则

摄影实验室一般仅对本学期有相关实验课程且在规定实验范围内的学生开放。有特殊情况，如需要进行设计型实验的学生，应先告知老师，经允许后方可进行。另外，本课程是一门室内外相兼顾的实验课程，因此除了遵守实验室规章制度外，还要求学生做到：

（1）按时到课，实验前认真听取教师讲解，做好笔记。

（2）无论室外拍摄还是暗房洗相出片实验，都应严格按操作规程进行。

（3）领取室外拍摄实验的相机时，严格履行借机手续，并按时归还；损坏仪器设备者，应按相关规定处理。

（4）必须熟悉实验室及其周围的环境，如水、电、灭火器的位置和使用方法。实验完毕后立即关闭水龙头，拔下电源插头，切断电源。

（5）传统暗房需用到不同冲洗胶卷与相片的药液，若触及皮肤可用大量自来水冲洗；使用有腐蚀性药液时，应将废液回收集中处理，不准倒入下水道。

（6）按教师规定的数量、认真完成实验报告，实验报告不得打印，应整洁书写，并按时交给老师。

◦◉ 第 1 章 ◉◦
照相机成像原理

1.1　针孔成像原理

与摄影术发明紧密相关的一门科学是光学，也就是最早的针孔成像方法。

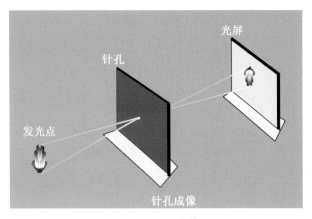

图 1-1　针孔成像

　　当来自发光体的光线通过一个小孔时，我们发现光屏上会形成一个和景物或者发光体倒立、左右互换了的影像。这就是我们常说的针孔成像原理。针孔成像原理对摄影术的发明起到了直接的促进作用，当今光学镜头的成像就是运用了针孔成像原理。

1.2　透镜成像原理

　　今天的照相机在成像上采用了针孔成像的原理，只是"针孔"从一般的物镜换成了高质量的镜头，而"焦点平面"换成了感光片或者电子传感器，用以记录影像。
　　既然针孔可以成像，为什么要换成镜头来成像呢？主要有以下几方面原因：
　　（1）针孔虽然可以成像，但限制了入射光的通量。
　　（2）照相机镜头可利用光的折射原理，并且利用凸透镜的可聚光效果，来获得摄影感光所需要的光线亮度。

（3）照相机镜头中的凸透镜和凹透镜的合理组合能使得汇聚于焦点平面的影像更为清晰。

透镜是两面为球面或者一面为球面的透明体，通常由高质量的光学玻璃制成，包括凸透镜和凹透镜两大类。

凸透镜的形状为中间圆、边缘薄，起到汇聚光线的作用；凹透镜的形状为中心薄、边缘厚，起到发散光线的作用。

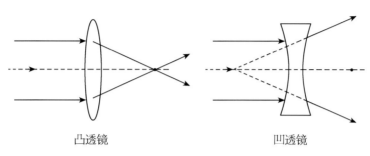

凸透镜　　　　　　　　　　　　凹透镜

图 1-2　凸透镜和凹透镜

我们利用针孔或者单片凸透镜是可以结像的，但是这种结像的质量很差，存在严重的像差。所以，现代相机镜头都采用多片的凸、凹透镜组成，从而利用不同类型的透镜的性能互相抵消、减弱像差，提高结像的质量。我们将这种多片凸、凹透镜的组合称为"透镜片组"。

"透镜片组"与成像质量和成像性能两者有关系。对同样性能的镜头，一般认为透镜片数多些的成像质量好些，例如：两个同样是 50mm 的定焦镜头，片组多的比片组少的质量要好。但对性能不同的镜头则不然，例如：一个 28~70mm 的变焦镜头（中间含有 50mm 焦距）和一个 50mm 定焦镜头相比，在两者用 50mm 焦距拍同一物体时，虽然变焦镜头（28~70mm）片组较多，然而我们发现 50mm 定焦镜头成像质量一般却要高于变焦镜头。这是因为变焦镜头片组较多时，虽然可以减弱更多的像差，但是也造成严重的光源失损，以及透明度大大降低、颗粒增多的缘故。

1.3　镜 头 加 膜

现代相机镜头多数都经过镀膜处理。镜头最前端表面呈现蓝紫色、暗绿色，就是镀膜的表征。

1.3.1　没有加膜对光线的损失

我们以单片透镜的镜头为例，它能透过光线，同时也会反射和吸收光线。经过测试，只有 88% 的入射光通过单片透镜而到达胶片；约有 5% 入镜光的光线被反射掉，约有 5% 的出镜光也被反射掉，透镜本身又吸收了 2% 的光线，如此就有 12% 的光线被损失掉了。而现代镜头都是由多片透镜结成，就更加会影响透光能力。片组越多，光线损失也越严重。

1.3.2 镜头加膜的作用

镜头加膜的主要作用是提高透光能力，提高影像质量。镜头加膜的原理是利用光的干涉作用，在透镜表面镀上色光波长 1/4 厚度的薄膜，它可将该波长的光的反射减到最低程度。而多层加膜比单层加膜的效果要好，因为膜越多透光能力越强。例如一只 7 片 6 组的标准镜头，不加膜的透光率为 59%，单层加膜为 81%，而多层加膜则为 97%。镜头圈上刻有 "MC" 就表示 "多层加膜"。

1.4 如何清洁镜头表面加膜层

镜头表面加膜层好比人的眼膜，是入射光进入镜头的第一级接触层，难免受到外环境（如灰尘、雨水、手指印等）的侵蚀。为使成像质量达到最佳，我们时常要对镜头表面进行清洁。正确的清洁方法，既可以使污垢清除，又可保证镜头表面加膜层不受损坏。主要注意以下两点：

（1）配备专门清洁镜头的镜头纸、清洗镜头的药液和毛刷、吹尘器

毛刷吹尘器　　　清洗药液　　　镜头纸

图 1-3　镜头清洁工具

（2）清洁方法

① 用毛刷吹尘器将镜头表面颗粒状的灰尘吹掉，再用毛刷轻轻刷去附着较紧的灰尘，如此反复多次。

② 将镜头垂直朝上，滴 1~2 滴镜头药液在镜头表面中心。

③ 将镜头纸折叠成约 2cm 大小的方块，覆盖在镜头表面中心的药液上，用手指轻轻按住镜头纸（手指不要触及镜头表面），由中心点顺时针向外环形擦洗。

本章思考与练习

1. 什么是针孔成像？
2. 既然针孔可以成像，相机为什么要换成镜头来成像？
3. 现代相机镜头为什么要采用多片的凸凹透镜组成？
4. 镜头最前端为什么要加膜？加膜有什么作用？
5. 尝试用配套的清洁工具清洗镜头。

⊶◉⊷ 第 2 章 ⊶◉⊷
照相机的基本结构

实验一：了解照相机的结构及其工作原理实验

实验目的：1. 熟悉照相机结构、组成部分；

2. 了解照相机工作原理。

实验内容：以传统单镜头反光相机为例，讲解其结构和工作原理。让学生参观传统照片冲洗暗房、数字图像工作室和摄影棚。

主要仪器：海鸥 2000A 单镜头反光照相机，人手一部。

教学方式：集中讲解和实物展示相结合；参观和老师讲解相结合。

实验时数：2 学时。

照相机包括镜头、快门、对焦取景器、输片装置、暗箱和机身。

图 2-1　照相机的基本结构 1

图 2-2   照相机的基本结构 2

2.1   镜   头

镜头位于相机的前段，和暗箱连接。有的是固定的，不能拆卸；有的是可以拆卸替换的（如单镜头反光相机）。镜头的作用是让被摄景物在焦点平面上结成清晰的影像，也就是使被摄景物在感光片上形成清晰的潜影。

镜头的种类繁多，要想利用好相机，针对不同的拍摄景物，达到不同的拍摄效果，我们就需要了解和掌握镜头的几个关键性能指标：焦距、口径、光圈，绝大多数镜头的镜头圈上都刻有它们的标记。

2.1.1   镜头的焦距

镜头焦距指当相机镜头对准无穷远时，镜头中心到感光片的距离。

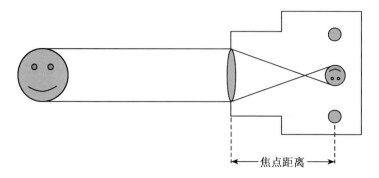

图 2-3   镜头焦距示意图

　　现代相机镜头焦距的变化幅度在 6~2000mm 之间，在一定条件下焦距可以更长。对画幅相同的相机，在拍摄同一物体时，焦距的变化所带来的成像效果是不一样的。

　　①焦距与景深成反比：焦距越长，景深越小；焦距越短，景深越大。景深的大小关系到景物纵深的影像清晰度。它是摄影中非常重要的实践问题，我们将在后面详细讨论。

　　②焦距与视角成反比：焦距越长，视角越小；焦距越短，视角越大。视角小意味着能远距离摄取较大的影像比例；视角大能近距离摄取范围较广的景物。

焦距 17mm

焦距 28mm

焦距 35mm

焦距 50mm

焦距 100mm

焦距 200mm

图 2-4　镜头焦距成像效果

2.1.2　镜头焦距的种类

镜头可分为定焦距和变焦距两大类。定焦距是焦距值固定不变的镜头，如 6mm、

16mm、50mm、200mm 是四个定焦距镜头；变焦距是焦距值在一定范围内可连续改变的，如：14-35mm、28-70mm、70-200mm 是三个变焦距镜头。

定焦距镜头　　　　　　　　　　变焦距镜头

图 2-5　镜头焦距类型

（1）定焦镜头

定焦镜头，是指只有一个固定焦距的镜头，只有一个焦段，或者说只有一个视角。定焦镜头没有变焦功能。定焦镜头的设计相对变焦镜头而言要简单得多，但一般变焦镜头在变焦过程中对成像会有所影响，而定焦镜头相对于变焦机器的最大好处就是对焦速度快，成像质量稳定。不少拥有定焦镜头的数码相机所拍摄的运动物体图像清晰而稳定，对焦非常准确，画面细腻，颗粒感非常轻微，测光也比较准确。

（2）变焦镜头

在一定范围内可以变换焦距，从而得到不同宽窄的视场角，不同大小的影像和不同景物范围的照相机镜头称为变焦镜头。

变焦镜头在不改变拍摄距离的情况下，可以通过变动焦距来改变拍摄范围，因此非常有利于画面构图。由于一个变焦镜头可以兼当起若干个定焦镜头的作用，外出旅游时不仅减少了携带摄影器材的数量，也节省了更换镜头的时间。

变焦镜头的原理是通过移动镜头内部镜片来改变焦距的位置，在一定的范围内使镜头焦距变长变短，使镜头视角变大变小，从而实现影像的放大和缩小。

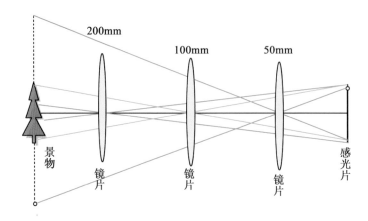

图 2-6　变焦镜头的变焦原理示意图

2.1.3　镜头不同焦段的划分和特性

镜头的选择在很大程度上取决于拍摄者的用途，不存在一种"最好的"镜头，原因是各种镜头都有自身的成像特性和不足之处，都有其擅长的功能和适用性。因此，首先了解镜头的种类与各种镜头的特性，然后在实际运用中针对自己的需要去配备和选择才是正确的方法。

从实用的角度来说，按镜头焦距可划分为标准镜头、广角镜头、中长焦和超远摄镜头，以及鱼眼镜头。

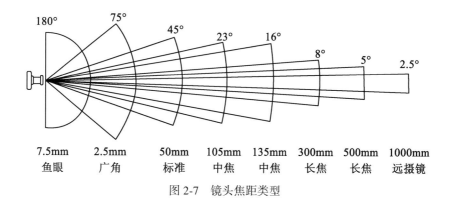

图 2-7　镜头焦距类型

（1）标准镜头

标准镜头是指其焦距长度与所摄画幅对角线长度基本相等的镜头。它的视角与人眼视角基本一致（45°），画面景物的透视关系比较正常，符合人们的视觉习惯，所以应用比较广泛。它适合拍摄人像、风光、生活等各种照片。

图 2-8　标准镜头拍摄

要指出的是，对于画幅不同的相机（相机的种类在后面将会讨论），标准镜头的焦距是不同的。如：

135 相机的画幅为 24mm * 36mm，标准镜头为 50mm；

120 相机的画幅为 56mm * 56mm，标准镜头为 75mm；

直取式相机的画幅为 8 * 10 英寸，标准镜头为 300mm。

尽管不同画幅的标准镜头焦距不同，但它们的视角都类同，都与人眼视角接近。

（2）广角镜头

广角镜头的焦距短于标准镜头，视角也大于标准镜头。以 135 相机为例，焦距在 30mm 左右，视角在 70°左右，称为"广角镜头"；焦距在 22mm 左右，视角在 90°左右，称为"超广角镜头"。它适合拍摄新闻照、室内家庭照、风光摄影等。

广角镜头的特点：

① 焦距短、视角大、拍摄景物范围广。在狭窄的环境中，可以扩大拍摄视野。适合拍摄全景或大场面的照片。

② 具有渲染近大远小的特点，有夸张前景的作用。

③ 焦距较短，景深较大，拍出的照片远近都很清晰。

④ 影像畸变像差较大。近距离拍摄时应注意影像变形失真的问题。一般情况下，忌讳近距离拍人物像，除非是要刻意制造夸张的效果。

图 2-9　广角镜头拍摄。《摇篮》焦距 17mm　F11　1/80 秒

（3）中长焦与超远摄镜头

中长焦和超远摄镜头的焦距长于标准镜头，视角也小于标准镜头。如对 135 相机来说，中焦距镜头约为标准镜头焦距的两倍，即焦距在 100mm 左右、视角在 22°左右的镜头；长焦距在 200mm 左右、视角在 12°左右；超远摄镜头焦距在 300mm 以上，视角在 8°

以下。

中长焦与超远摄镜头的特点：

① 焦距长、视角小、成像大，而且不易干扰被摄对象。

② 景深范围比标准镜头小，有利于摄取虚实结合的影像，虚化掉杂乱的背景，使主体更为突出。

③ 影像畸变像差小，不会出现变形问题。

④ 拉近画面上的前后物体，减少了物体大小的差别，压缩了画面空间距离，使分散的景物"集中"起来，造成一种特殊的视觉效果。

拍摄注意事项：

① 因景深小，对焦一定要准。

② 因镜头重，手持相机拍摄时，可能由于震动，造成影像模糊。所以在选择快门速度时，快门时间的分母，应选择等于或大于该镜头的焦距值。例如使用焦距 200mm 的镜头时，快门时间应选用 1/250 秒以上的快门速度。

图 2-10　长焦镜头拍摄。焦距 200mm　F11　1/60 秒

（4）鱼眼镜头

所谓鱼眼镜头实际上是一种极端的超广角镜头，对 135 相机来说，是指焦距在 16mm 以下、视角在 180°左右的镜头。它的第一片透镜呈圆球形而向外凸出，因其巨大的视角类似鱼眼而名。鱼眼镜头的拍摄范围极大，能使景物的透视感得到极大的夸张。鱼眼镜头存在严重的桶形畸变，有时也能使画面别有一番情趣。

图 2-11　鱼眼镜头拍摄

现代镜头的种类繁多，我们可以从以下几个方面来对其进行选择和配备：

① 单镜头反光相机镜头的配备。如果你是初学摄影者，建议配备随机镜头，即 18-105mm、18-135mm 都可。

如果你非常注重画面质量，建议选择定焦距镜头，理想的三镜配备为：24mm、35mm（用 35mm 镜头代替 50mm 镜头）、135mm。

如果你为了方便，建议选择变焦距镜头（手动旋转变焦方式），对于提升者（有较好的经济条件），应考虑变焦范围易短不易长的品种，建议选择理想的三镜配备：14-24mm、24-70mm、70-200mm。

② 普通数码相机的镜头的配备。如等效 35mm 焦距为：28-392mm（电动推拉变焦方式）。

2.1.4　镜头的口径

通光孔的大小是影响通光量的直接因素之一。通光孔大则通光量大，反之则通光量小。镜头通光量与镜头通光口径的大小成正比。

（1）口径的概念

镜头的口径也称为"有效口径"或者"有效孔径"，是表示镜头的最大进光孔，也是镜头的最大光圈。

"口径"等于最大光孔直径与焦距的比值。例如：一个 50mm 焦距的镜头，当它的最大进光孔的直径是 28mm 时，那么 28∶50＝1∶1.8，用"1∶1.8"表示该镜头的口径；又如另一个 50mm 焦距的镜头最大进光孔直径为 35mm 时，那么 35∶50＝1∶1.4，则用"1∶1.4"表示该镜头的口径。为了简便，通常把前者的口径简称"F1.8"，把后者的口径简称为"F1.4"。可见，这种系数越小，口径越大，光圈越大。

（2）大口径比小口径的优越性强

镜头口径越大，使用的价值越大，主要体现在以下几个方面：

① 可在较暗的光线下手持相机用现场光拍摄。

实例比较：用多个同是 50mm 焦距但口径不同的镜头，在同一光线条件下拍摄同一物体，得出不同结论，见表 2-1。

表 2-1　　　　　　　　　　　　　　　不同口径的拍摄结果

镜头序号	焦　距	口　径	所测快门速度	结　论	原　因
镜头一	50mm	F1.8	1/60 秒	可进行拍摄	画面不模糊
镜头二	50mm	F2.8	1/30 秒	免强可拍	画面轻微模糊
镜头三	50mm	F4	1/15 秒	不能拍	画面完全模糊

② 便于摄取小景深、虚实结合的效果。画面影像的虚实结合是常用的表现手段之一。

图 2-12　大口径拍摄使背景虚化。《聚精会神》　F2.8　1/400 秒

③ 可使用较高的快门速度，可把运动的物体凝固（定格），这在现场光的动体拍摄时是很有实用价值的。

2.1.5　镜头的光圈

照相机的镜头中一般都有光圈，光圈由一组很薄的金属叶片组成，装在镜头的中间。光圈起以下作用：

① 调节进光量——光圈可缩小，可放大。缩小时，通光量就小；放大时，通光量就大。它与快门速度相配合以满足曝光量的需要。

图 2-13　大口径拍摄可使快门速度提高从而凝固主体。贾连城/摄　F4 1/800 秒

　　② 控制景深效果——这是光圈的重要作用之一。光圈大，景深小；光圈小，景深大。景深的调节是摄影中最重要的技术手段之一，后面的章节将详细介绍。

　　③ 影响成像质量——任何一个相机镜头，都有某一档光圈的成像质量是最好的，即受各种像差影响最小，这档光圈俗称"最佳光圈"。一般把镜头的最大光圈收缩三级，就是该镜头的最佳光圈。

2.1.6　光圈的排列顺序与光圈系数、光孔大小

　　（1）标准的光圈排列顺序是：F1.8，2.8，4，5.6，8，11，16，22 等（以海鸥2000A 为例）。当然也有其他的排列顺序，如 F2-16，F1.4-16，F2.8-22，F5.6-45 等，但一般一个相机镜头的 F 系数通常只具备其中连续的七八档。

　　（2）光孔大小

　　F 系数越小，光孔越大。

　　这是因为光圈系数等于镜头焦距与光孔直径的比值。即

　　F＝镜头焦距÷光孔直径

　　以海鸥 2000A 相机上 50mm 焦距的镜头举例来套用以上公式就可发现 F 系数与镜头焦距、光孔直径的关系，如表 2-2 所示。

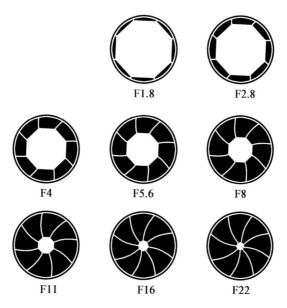

图 2-14　光圈系数与光圈大小

表 2-2 光圈系数对应表

F 系数		镜头焦距		光孔直径
1.8	=	50mm	÷	28mm
2.8	=	50mm	÷	18mm
4	=	50mm	÷	13mm
5.6	=	50mm	÷	9mm
8	=	50mm	÷	6mm
11	=	50mm	÷	5mm
16	=	50mm	÷	3mm
22	=	50mm	÷	2mm

因此，对同一焦距的镜头来说，F 系数的数字越小表示光孔越大；F 系数的数字越大，表示光孔越小。

2.1.7　光圈之间的关系

光圈之间是以"档"或"级"来表述的，通常所说的"将光圈开大一级"，也就是将光圈拨至比原先光圈高一档的光圈位置上（即光圈大一档）。每相邻两档光圈之间的通光量相差一倍，如 F1.8 的通光量相当于 F2.8 的两倍，而 F1.8 的通光量等于 F5.6 的 8 倍。对标准的 F 系数的光圈可用 2^n 计算任何两档光圈通光量的倍率关系。n 为两档之间相差的档数。如，F4 与 F8 相差 2 档，$2^2 = 4$，这就意味着光圈 F4 的通光量是光圈 F8 的 4 倍；F8 则是 F4 的 1/4 倍。

2.1.8 变焦镜头的恒定光圈和浮动光圈

所谓恒定光圈，指的是变焦镜头从短焦端变焦到长焦端时，其最大光圈值可以保持不变；所谓浮动光圈，指镜头的最大光圈在不同的焦端是不一样的。

可想而知，要制造恒定光圈的话，就必须让镜头直径能够随着焦距的改变而改变，这显然要加大制作成本，特别是在长焦端，镜头直径要足够大，才能保持大光圈（即光圈值保持一个较小的数值），所以如果是变焦镜头又有恒定大光圈的话，售价一定很贵。

而浮动光圈的制作成本就要小得多，可以理解成它的镜头直径基本是一致的，所以在变焦时其光圈才会变成浮动的，焦距越长，其光圈就越小（光圈值越大），只有在广角端，才能获得它的最大光圈。

看镜头的标记就能知道它是恒定光圈还是浮动光圈：如果标记为 35-140mm/2.8，就是说镜头的焦段为 35～140mm，而最大光圈可以保持为 2.8，这是恒定光圈镜头；如果标记为 35-140mm/2.8-4.5，是说焦段为 35～140mm，但最大光圈在 2.8～4.5 之间，这是浮动光圈镜头。

尼康70-200mm F2.8 　　尼康18-200mm F3.5-5.6 　　尼康P7000 6-42.6mm F2.8-5.6

图 2-15　恒定光圈和浮动光圈的对比图

恒定光圈的镜头售价昂贵，它的好处是可以在最大焦距时也能使用最大光圈，通光量大，景深小，可以轻易地进行背景虚化，还能在低照度下使用较高速的快门、使用较低的感光度，从而获得清晰、细腻的图像。

浮动光圈的镜头售价低廉，但摄影者必须忍受在长焦端只有小光圈的局限，其通光量小，在低照度下不能使用高速快门，甚至连安全快门都达不到，不能手持拍摄，不得不使用更高感光度，景深不能得到控制，无法虚化背景，图像质量根本不能跟恒定光圈镜头相比。

2.1.9 尼康（Nikon）镜头部分标识含义

AI：　　　　　自动最大光圈传递技术
AI-S：　　　　自动快门指数传递技术
AF-S：　　　　静音马达
D 型镜头：　　焦点距离数据传递技术

G 型镜头：　　与 D 型镜头不同的是，该种镜头无光圈环设计，光圈调整必须由机身来完成，同时支持 3D 矩阵测光。

CRC：　　　　近摄校正

DC：　　　　散焦影像控制

ED：　　　　超低色散镜片

IF：　　　　内对焦技术

IX 镜头：　　价廉、紧凑的镜头。性状与塑料 AF-D 镜头相同。不能适配于非 APS 机身。减少了预留给反光镜的空间，意味着这类镜头不可用于 35mm 相机。

Micro（微距镜头）：是指这只镜头是微距镜头，或有微距拍摄的功能。

N/A：　　　　全时手动对焦

P 型镜头：　　内置 CPU 镜头

S：　　　　　Slim，轻薄，薄型镜头

TC：　　　　增距镜

VR：　　　　电子减震系统

DX：　　　　半画幅镜头

FX：　　　　全画幅镜头

CX：　　　　单电镜头

2.2　快　　门

快门用来控制光线在感光片上停留时间的长短。快门开启时，光线就进到胶片（或 CCD）上，关闭时，光线就被挡住而不能进到胶片（或 CCD）上。

2.2.1　快门的作用

（1）控制进光时间

这是快门的基本作用，它和光圈配合来满足曝光量的需要。

（2）影响成像清晰度

这是快门不可忽视的作用。这一点主要表现在两个方面：一是在进行动体摄影时，把快门速度调慢，可以使运动物体产生强烈的动感效果；二是相机没持稳，即使拍摄静态对象，也会使影像不够清晰甚至模糊。

2.2.2　快门速度的标记

快门的速度单位是秒，相机上常见的标准规范的快门速度标记有 1，1/2，1/4，1/8，1/15，1/30，1/60，1/125，1/250，1/500，1/1000 秒等。相机快门速度的变化范围越大，就说明此相机的功能越强。现代不少高档相机最高快门速度已达 1/8000 秒以上，快门速度高的相机能把急速飞驰的物体凝固下来。

快门除常见的标记外，还有一种特殊的快门，俗称慢门，即标记为"B"门（数码相机慢门标记为"bulb"）和"T"门。所谓"慢门"，就是指快门从开启到关闭的过程比较慢，时间比较长，而且是人为控制的。一般常见的标记中，最慢的是 1 秒，功能强大的相机也有制定为 2 秒、3 秒、5 秒、10 秒甚至 30 秒。除此之外，如果还需要更长时间的曝光，就要用到慢门了。可想而知，通常在白天拍摄或者在光线充足的情况下拍摄是不需要用到慢门的，在夜间拍摄才使用慢门。

B 门和 T 门都属于慢门，只是在操作的方式上不同。B 门是按下快门钮时，快门打开，松掉快门钮时，快门关闭；T 门是按下快门钮时，快门打开，再次按下快门钮时，快门关闭。如此看来，在操作上 T 门要优越于 B 门。

2.2.3　常见的两种快门

（1）镜间快门

镜间快门设置于镜头的中间，由多片金属叶片组成，当按下快门钮时，它利用弹簧的弛张，使金属叶片从中心向外打开，直至全开后，再合闭。打开到合闭是可快可慢的，由快门设定的秒值来控制，快门设定得快，金属叶片张开合闭就快；快门设定得慢，金属叶片张开合闭就慢。

镜间快门的优点是在闪光摄影的时候，快门速度不受制约；不足之处是高速档不能快于 1/1000 秒。

（2）帘幕快门

它是由前后两块（一般为黑色）帘幕组成，设置于相机焦点平面处，若是胶片相机就紧贴于胶片的前面；若是数码相机就紧贴于传感器的前面。根据设定快门速度的不同数值，使两块帘幕先后启动而产生不同大小的裂缝来实现不同的快门速度。其优点是能达到 1/1000 秒以上的高速档；不足是与镜间快门相反，闪光摄影时，快门速度有所制约。

帘幕快门又有两种类型，一是"橡胶布帘幕"，二是"金属帘幕"。前者为横向运动，多为中低档相机；后者为纵向运动，多为高档相机，因为金属帘幕具有高精确度、材料质量优良、不易老化、耐高温性强的特点，还可取得非常高的闪光同步速度。

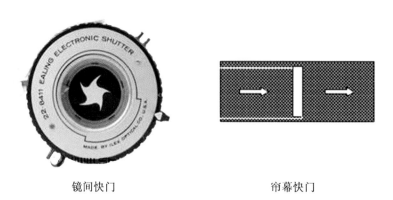

镜间快门　　　　　　　　　　　　帘幕快门

图 2-16　常见的两种快门

2.2.4　常见快门速度标记之间的关系

我们可以看到，快门速度的标记是按从慢到快有序排列的。因此，设定的快门标记越慢，快门打到关闭的时间越长，胶片（传感器）接受的曝光量就越多；设定的快门标记越快，快门打到关闭的时间就越短，胶片（传感器）接受的曝光量就越少；而相邻两级快门速度的曝光量相差一倍，例如：1/60 秒比 1/125 秒的曝光量多一倍；1/1000 秒则是 1/500 秒曝光量的 1/2 倍。

2.2.5　快门与光圈的关系

（1）快门速度标记

以秒为单位，有：1、1/2、1/4、1/8、1/15、1/30、1/60、1/125、1/250、1/500、1/1000。相邻两级之间的曝光量相差一倍。

（2）光圈标记

有：F1.8、F2.8、F4、F5.6、F8、F11、F16、F22。相邻两级之间的通光量相差一倍。

（3）快门与光圈的关系

我们已经知道快门相邻两级之间的关系是曝光量相差一倍；光圈相邻两级之间的关系是通光量相差一倍。而在拍摄时，对胶片（传感器）的感光，快门与光圈是两个不可缺少的重要因素。

快门和光圈在共同控制感光片（传感器）的曝光量方面，是互相配合、互相补偿的关系，即在拍摄同一景物时，光圈小，快门速度应该慢一些；光圈大，快门速度应该快一些，也就是说快门和光圈之间成比例关系。根据以上定义，可得出以下规律：

在拍摄时，我们常说的要在原有曝光组合基础上增加一档曝光量，既可调整快门，也可调整光圈，任选其一。如：在 F8、1/125 秒的基础上增加一档曝光量，即可调整为 F8、1/60 秒；也可调整为 F5.6、1/125 秒。

所以在实际运用中，我们在对同一物体拍摄时，根据自己的需要可以设定多种"光圈和快门"的组合，从而达到不同的画面效果。

也就是说，快门速度和光圈中一方变动，另一方必须进行相应的补偿，从而在保证曝光量正确的基础上，符合拍摄者所需的画面效果。

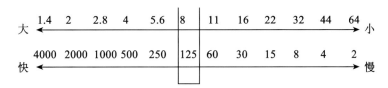

图 2-17　光圈与快门对应组合（相对）

从图 2-17 中可发现，在拍摄某一景物时，如果 F8、1/250 秒取得正确曝光值可以拍，那么，在它的左边和右边所有相对应的光圈与快门组合值都能达到正确曝光（可以拍）。

例如：

①在拍摄同一物体的前提下，根据拍摄需要改变快门速度。

	快门速度	调整方式	光圈	拍摄结果
A照相机确定的组合	1/250秒		F5.6	曝光正确
	快门调慢两级 ⬇	根据快门和光圈之间的比例关系相应地对光圈进行调整 ⮕	光圈调小两级 ⬇	
B拍摄者根据所需效果手动改变快门速度组合	1/60秒		F11	既曝光正确，也达到拍摄者所需效果

F5.6　1/250秒　　　　　　　　　F11　1/60秒

图 2-18　调整快门速度使其达到动感效果

②在拍摄同一物体的前提下，根据拍摄需要改变光圈。

	快门速度	调整方式	光圈	拍摄结果
A照相机确定的组合	1/250秒		F11	曝光正确
	快门调快三级 ⬇	根据快门和光圈之间的比例关系相应地对快门进行调整 ⬅	光圈调大三级 ⬇	
B拍摄者根据所需效果手动改变光圈组合	1/2000秒		F4	既曝光正确，也达到拍摄者所需效果

F11　1/250秒　　　　　　　　　F4　1/2000秒

图 2-19　调整光圈使其背景虚化

2.2.6　拍摄时是先设定光圈还是先设定快门的法则

很多摄影者，特别是初学摄影者，对在拍摄时是先设定光圈还是先设定快门，经常弄不清楚。在摄影创作中，这是我们必须考虑的问题，也是鉴别一个拍摄者是否专业的重要环节之一。

相机上的"曝光模式"中有四种模式可供选择：程序（P）、快门优先（S）、光圈优先（A）和手动（M）。如果我们要拍摄出有艺术效果的作品，或者说要使画面效果达到自己的意愿，后面三种模式是常用的。

法则是：

第一，如果你的拍摄主体是移动的，就应选择快门优先或者手动模式，先设定好了快门值后，光圈会自动作相应的补偿。先设定快门的目的是：根据自己所需效果，要么将快门调快，使主体定格；要么将快门调慢，使主体或陪体虚化。

贾连城/摄　F2.8　1/1000秒　　　　　刘汉文/摄　F2.8　1/30秒

图 2-20　主体移动和虚化的对比图

傅平/摄　F2.8　1/800秒　　　　　傅平/摄　F11　1/60秒

图 2-21　大景深和小景深

第二，如果你的画面效果主要是考虑景深的大与小，就应选择光圈优先或者手动模式，先设定好了光圈值后，快门会自动作相应的补偿。先设定光圈的目的是：要么将光圈开大，景深小，使画面背景虚化（这在拍摄人物、局部景物时常用）；要么将光圈缩小，景深大，拉大画面的纵深清晰度（这在拍摄风光景物、大场面时常用）。

2.3 对 焦

对焦的作用是使被摄体在感光片（传感器）上清晰地结像。相机有"手动对焦"和"自动对焦"两种对焦方式。

2.3.1 传统相机手动对焦的方式

（1）磨砂玻璃式

对焦时，目视磨砂玻璃屏上的影像，并调节对焦环，清晰时表示对焦准确，虚糊时表示对焦不准。

磨砂玻璃式、裂像式、微棱镜式对焦不准确实例

磨砂玻璃式、裂像式、微棱镜式对焦准确实例

图 2-22　对焦虚实对照图

（2）裂像式

对焦时，目视对焦屏中心的小圆形。小圆形内的直线是平分小圆形的，通过调节对焦环，若被摄体被小圆形的上下两个半圆分裂时，表示对焦不准，当两个半圆将被摄体成一体时，表示对焦准确。

（3）微棱镜式

对焦时，目视对焦屏中小圆形外围与大圆形内围的环带处景物，通过调节对焦环，若被摄物在环带微棱镜内呈锯齿形破碎状，表示对焦不准，锯齿状破碎状消失，呈现清晰实像，表示对焦准确。

（4）重影式

对焦时，目视取景屏中心的黄色小长方形，通过调节对焦环，若被摄物出现虚实双影表明对焦不准，若虚像消失，说明对焦准确。

（5）距离刻度式

在一般情况下，照相机的镜头圈上都有距离刻度式对焦指示，它是以英尺和米两种单位显示的，主要用于目测法对焦。使用距离刻度式指示要做到精确对焦是很困难的。

图 2-23　距离刻度式

2.3.2　自动对焦

只要是自动对焦的相机，取景屏中央都有一个长方形区域的标记，这就是自动对焦目标区。传统相机和数码相机都有这种对焦方式。对于功能强大的相机，这种长方形区域的标记在取景屏范围内设置很多，可用选择器将此长方形的对焦标记任意设定到取景屏其他位置，以便于构图。相机是针对该目标区内的景物部位进行自动对焦的，所以，它对在取景屏中很小的景物都能达到自动对焦的目的，一般不会发生远近两个物体同时出现在自动对焦目标区内的情况。操作的方法是，先把该目标区对准要对焦的主体，然后轻轻半按下快门钮，即能自动对焦于所摄主体，再全按下快门，即完成这一张的拍摄。

2.4 取 景 器

取景器的作用一是察看被拍摄景物和确定对景物的取舍，即对焦之用，二是安排画面的布局和构图。

2.4.1 单镜头反光俯视

此类取景器多设置于 120 型照相机上，位于相机正上方。这种取景器在拍摄时可根据需要采用多种持机取景方法，即可端在胸前进行平视和俯视，又可将相机置于地面进行仰视取景，观察取景器中的景物都很便利。

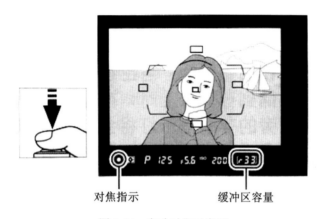

对焦指示　　　　　　　　缓冲区容量

图 2-24　自动对焦示意图

单镜头俯视取景器的相机

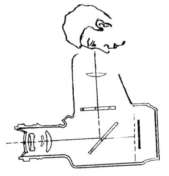

单镜头俯视取景器示意图

单镜头俯视取景器相机持机方法

图 2-25　俯视取景器示意图

2.4.2　单镜头反光平视取景器

一般来说，135 型单镜头反光相机在机身后面都安装有平视取景器，拍摄时把取景器紧贴在眼睛上，故称为平视取景器。

此类取景器是把取景和测距功能合在一起，镜头作测距、取景用，又作拍摄用，拍到的画面正好是看到的画面，所以无视差现象。基于这种优点，现代许多相机（包括数码相机）都采用这种取景方式或兼有此类取景附件。

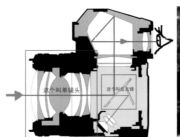

单镜头平视取景器相机　　　　单镜头平视取景示意图　　　单镜头平视取景相机持机方法

图 2-26　平视取景器示意图

2.4.3　光学直看式取景器

此类取景器一般由两块透镜组成，一个是凹透镜，对着景物；一个是凸透镜，对着眼睛。普通传统胶片机和普通数码相机很多都是此类取景器。取景指示的特点是在取景屏上有二至四条边框，从而框出取景范围，在框外的景物看得到，但拍不到，只能拍到框内的景物。这种取景器一般位于镜头的左上方或右上方，平视取景，也称旁轴取景器，有视差现象，取景时应特别注意。

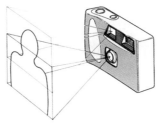

光学直看式取景器的相机　　　光学直看式取景器示意图　　　光学直看式取景相机持机方法

图 2-27　光学直看式取景器示意图

2.5　输片装置

输片装置又称为卷片装置，它用来移去已曝光过的胶片，而从胶卷盒中扦出未曝光的胶片（扦出的胶片紧贴于快门之后），并对已拍摄胶片张数进行计数。卷片上的快门弦是连动的，拍完一张后，必须再卷出一张片子，快门才按得动。

卷片的形式很多，主要有扳把式、摇把式、旋钮式及电动输片式。

135 相机的卷片多为扳把式，卷片装置将一张胶片从胶卷暗盒中扦出并扳到位时（扦出的胶片紧贴于快门之后的位置处），快门才能按下；120 相机多为摇把式，摇到不能动时，证明已完全扦出了一张，拍完后才能进行下一张。

2.6　机身与暗箱

机身是相机的躯壳，各功能部件由机身来支持，使其成为一体。机身起暗箱作用，能使透过镜头的光线与外界光线隔绝开来，使物像在感光片上顺利感光。

照相机的种类不同，机身的形状和构造也各有不同，机身的大小一般取决于所摄底片尺寸大小，如 135 相机的机身多为长方形，120 相机的机身则多为正方形。

本章思考与练习

1. 单镜头反光相机的主要组成部分有哪些？
2. 镜头的作用是什么？
3. 什么是镜头的焦距？镜头焦距的种类有哪些？
4. 从实用的角度来说，镜头焦距可划分为哪几种？它们各自的特点是什么？
5. 相对于定焦距镜头来说，变焦距的优势和不足有哪些方面？
6. 镜头口径的含义是什么？为什么说大口径比小口径优越性要强？
7. 什么是镜头的光圈？光圈的作用有哪些？同一镜头中光圈系数之间的关系是怎样的？
8. 什么是快门？快门的作用有哪些？快门速度标记之间是什么关系？
9. 快门与光圈之间有什么关系？选取三种不同的曝光组合对同一物体进行拍摄，观察其画面效果有何不同？
10. 何为磨砂玻璃对焦方式？
11. 何为单镜头反光取景？何为光学直看式取景？

─●◉ 第 3 章 ◉●─
常用的照相机

实验二　照相机的基本类型

实验目的：1. 了解常用照相机的种类；
　　　　　　2. 熟悉各类照相机的基本特点。

实验内容：讲解各类照相机的划分，明确其不同的特点及功能，以达到根据用途而选定照相机类别的目的。熟悉传统 135 型及数码单镜头反光相机功能及操作。

主要仪器：

135 型单镜头反光相机海鸥 2000A　　　40 台

135 型单镜头反光相机尼康 F5　　　　　1 台

120 型相机哈苏 503　　　　　　　　　　1 台

数码单镜头反光相机尼康 D3　　　　　　1 台

数码单镜头反光相机尼康 D80　　　　　45 台

教学方式：集中讲解和实物展示相结合；教师演示和学生操作相结合。

实验时数：2 学时。

现今照相机种类繁多，样式和功能各异，本章主要将常见常用的部分照相机予以简单介绍。

3.1　135 相 机

135 相机因使用 135 底片而得名。"35"是指 135 胶卷的片身宽度（包括齿孔）为 35mm，它的源头是 35mm 电影胶卷；135 胶卷是代号，"1"是 20 世纪 50 年代后为了与 35mm 电影胶卷区分才有的，有了 135 胶卷的代号后也就有了按使用胶卷类型分类的 135 相机的正式称呼。

3.1.1　135 相机的特点

135 相机使用 135 胶卷，底片画幅是 24mm * 36mm。一卷 135 胶卷，可以拍摄 36 幅画面。

彩色负片

图 3-1   135 型相机与胶片

在 20 世纪 90 年代以前，传统的 135 相机相对于中画幅和大画幅相机来说，由于体积较小，分量较轻，便于携带，一卷 135 胶卷可拍到的画面较多，这对抢拍新闻照片特别有利，是报纸、通讯社摄影记者常用的相机。而对广大业余摄影者来说，135 胶卷的冲洗液随处可得；若使用 135 反转片，其完美的彩色饱和度、细腻的画面颗粒，更是受到摄影者的青睐。由于 135 胶片的超完美画质，以至于当今部分摄影爱好者，特别是专业摄影者，都还在使用它。

3.1.2 135 照相机的基本分类

（1）取景器式 135 照相机

135 型取景器相机是一种体积轻巧、采用平视旁轴取景的相机。其优点有：机身轻巧，便于随身携带；操作简便，价格便宜；由于无反光镜弹起放下的噪声和振动，不易造成相机抖动而引起画面模糊，也不易影响被摄对象。不足有：一是无法更换镜头和使用滤镜，不能外接闪光灯；二是一般无手动控制光圈与快门速度功能；三是存在视差。

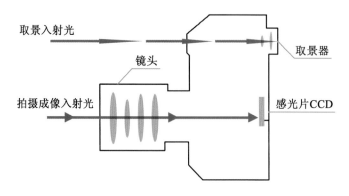

图 3-2   取景式相机光学示意图

（2）单镜头反光式 135 照相机

单镜头反光式 135 照相机装有反光镜和五棱镜，取景和拍摄成像都通过同一镜头。其优点有：一是镜头可拆卸，配有多种可更换的镜头，从广角到中长焦的定焦镜头到各种变焦镜头一应俱全，这对拍摄效果来说是十分有用的；二是有效口径大，通光量好，在暗弱的光线条件下，手持相机都可以进行拍摄；三是多采用焦平快门，因此最高快门速度可达数千分之一秒以上，能捕捉高速运动的物体；四是有手动调节光圈和快门的功能，给予了拍摄者发挥想象和创意的空间；五是单镜头反光式相机由于取景和拍摄者成像都通过同一镜头，所以不存在视差问题。它是专业摄影者常用的一类相机。不足有：一是焦平快门所带来的闪光同步速度受到限制；二是反光镜的翻起落下带来的噪声和振动会影响画面的清晰度和被拍摄对象；三是体积大、价格贵。

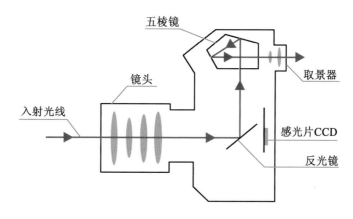

图 3-3　单镜头反光式相机光学示意图

3.2　120 单镜头反光相机

3.2.1　什么是 120 单镜头反光相机

120 单镜头反光相机的光学原理如同 135 单镜头反光相机一样。120 只是一个代号，它不说明什么问题，严格意义上说 120 相机是中型片幅相机，是基于 135 相机和 4*5 英寸相机之间的相机，但其画幅比 135 相机的要大，而且因 120 相机的种类不同而画幅也不同，有 60mm*60mm，60mm*45mm，60mm*90mm；可拍的底片数量也不同，可拍成 8 张、12 张、16 张不等。

3.2.2　120 单镜头反光相机的特点

第一，相机底片画幅大，底片的质量高，可取得高质量的影像，并能制作大幅照片，对于追求影像质量的摄影者和广告摄影工作者来说，120 相机无疑是首选。

第二，120 单镜头反光相机，因其镜头既做取景、测距，又做拍摄成像使用，所以无视差现象。

第三，120单镜头反光相机的底片是装入相机尾部后背的，而后背可拆卸，可置换，所以根据需要可配备多个后背，拍摄之前分别装入不同类型的胶卷，如黑白底片、彩色负片、彩色反转片等。在拍摄现场，如需换用不同品种的胶卷时，只需更换后背即可，十分方便。

第四，120单镜头反光相机有各种不同焦距的镜头供摄影者选择，以适应各种不同的拍摄需求。

3.2.3　120单镜头反光相机的缺点

120单镜头反光相机相对于135单镜头反光相机来说，机身和镜头体积都比较大，体型笨重些，不方便携带，操作时也不如135相机灵活；并且一卷120胶卷可拍的张数较少，所以存在更换胶卷的麻烦。

120单镜头反光相机　　　　　　　　120单镜头反光相机机身与后背

图3-4　120型相机

3.3　数 码 相 机

数码相机，是数字技术与相机原理相结合的产物，它的产生是对传统摄影体系的一场革命。数码相机采用CCD—电子耦合器件作为图像传感器，把光线转化为电荷，再将模拟信号转换成数字信号，并将图像压缩后存储在相机内的存储器内。（有关数码摄影、系统性能的细节将在以后章节详细讨论。）

3.3.1　数码相机成像原理简介

数码相机对摄取的影像可起到数码化输入的功能，但它的光学成像系统和传统相机是一样的，只不过记录影像的材料不同，传统相机记录影像是用感光材料——胶片，而数码相机则采用CCD或CMOS（影像传感器）接收成像信号，把光线信号转化为模拟信号，再将模拟信号转化成数字信号，并将图像经压缩存储在相机内的存储器中。

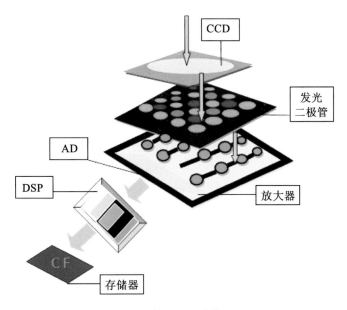

图 3-5　数码相机成像原理

3.3.2　数码相机的类型

根据数码相机最常用的用途，可以简单将其分为：卡片相机、长焦（普及型）家用相机、单反相机。

卡片数码相机在业界内没有明确的概念，小巧的外形、相对较轻的机身以及超薄时尚的设计是衡量此类数码相机的主要标准。长焦（普及型）家用数码相机指的是具有较大光学变焦倍数的机型，而光学变焦倍数越大，能拍摄的景物就越远。单反专业相机指的是单镜头反光数码相机，这是单反相机与其他数码相机的主要区别。

图 3-6　卡片机

普通型数码相机　　　　　　　　　　　　　　专业型数码相机

图 3-7　数码相机

（1）卡片相机

卡片相机仅指那些外形小巧、超薄时尚设计的机型。其中索尼 T 系列、奥林巴斯 AZ1 和卡西欧 Z 系列等都应划分于这一领域。其主要特点是携带方便。

（2）长焦（普及型）家用相机

长焦（普及型）家用数码相机指的是具有较大光学变焦倍数的机型，而光学变焦倍数越大，能拍摄的景物就越远。代表机型为：美能达 Z 系列、松下 FX 系列、富士 S 系列、柯达 DX 系列等。

其主要特点有：

通过镜头内部镜片的移动而改变焦距。当我们拍摄远处的景物或者是被拍摄者不希望被打扰时，长焦的好处就发挥出来了。另外，焦距越长则景深越浅，这和光圈越大景深越浅的效果是一样的。浅景深的好处在于突出主体而虚化背景，相信很多摄影者在拍照时都追求一种浅景深的效果，这样使照片拍出来更加专业。镜头越长的数码相机，内部的镜片和感光器移动空间更大，所以变焦倍数也更大。

如今数码相机的光学变焦倍数大多在 3～14 倍之间，有的可达 32 倍，即可把 10 米以外的物体拉近至 4～2 米。

但是对于镜头的整体素质而言，实际上变焦范围越大，镜头的质量也越差。14 倍超大变焦的镜头，最常遇到的两个问题就是镜头畸变和色散。紫边情况都比较严重，超大变焦的镜头很容易在广角端产生桶形变形。而在长焦端产生枕形变形。虽然镜头变形是不可避免的，但是好的镜头会将变形控制在一个合理范围内。

随着光学技术的进步，目前的 14 倍变焦镜头实际上在光学性能上应该可以满足我们日常拍摄的需要。但 14 倍以上光学变焦镜头的这些超大变焦数码相机，整体上的某些缺陷，将对最终的拍摄质量以及用户的使用造成致命的影响：

① 长焦端对焦较慢。众所周知，消费类数码相机的自动对焦技术实际上并不是非常领先的，从速度上来说也不理想。

② 手持时的抖动。熟悉摄影的朋友大多数都知道安全快门速度这个概念。安全快门速度其实就是焦距的倒数。所谓安全，也就是说如果你所使用的快门速度高于安全快门速

度，那么拍摄出的照片基本不会因为手不受控制的抖动而变得模糊。相反，如果低于这个速度，那么就会比较危险了。

③ 画面质量。就目前刚刚上市的超大变焦数码相机而言，它们的画面质量严格来说也不属于很好的范畴，特别是在长焦端。

（3）单反相机

单反数码相机指的是单镜头反光数码相机，即 Digital（数码）、Single（单独）、Lens（镜头）、Reflex（反光）的英文缩写 DSLR。目前市面上常见的单反数码相机品牌有：尼康、佳能、宾得、富士等。

图 3-8　普通级（消费级）单反尼康 D7000 套机（18-105mm）

图 3-9　全画幅单反尼康 D3X

① 工作原理

在单反数码相机的工作系统中，光线透过镜头到达反光镜后，折射到上面的对焦屏并结成影像，透过五棱镜，我们可以在取景器中看到外面的景物。与此相对的，一般数码相机只能通过 LCD 屏或者电子取景器（EVF）看到所拍摄的影像。显然直接看到的影像比通过处理看到的影像更利于拍摄。

36 ———————————————————————————————————— 摄影技术基础

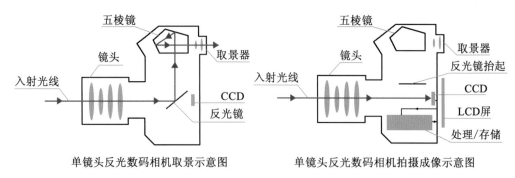

图 3-10

在拍摄时，当按下快门钮，反光镜便会往上弹起，感光元件（CCD 或 CMOS）前面的快门幕帘便同时打开，通过镜头的光线便投影到感光元件上感光，然后反光镜立即恢复原状，取景器中再次可以看到影像。单镜头反光相机的这种构造，确定了它是完全透过镜头对焦拍摄的，它能使取景器中所看到的影像和实景永远一样，它的取景范围和实际拍摄范围基本一致，十分有利于直观地取景构图。

② 主要特点

首先，单反数码相机的一个很大的特点就是可以交换不同规格的镜头，这是单反相机天生的优点；镜头口径较大，便于创作，是普通数码相机不能比拟的。

其次，现在单反数码相机都定位于数码相机中的高端产品，因此在感光元件（CCD 或 CMOS）的面积上，单反数码相机的面积远远大于普通数码相机，这使得单反数码相机的每个像素点的感光面积也远远大于普通数码相机，因此每个像素点也就能表现出更加细致的亮度和色彩范围，使单反数码相机的摄影质量明显高于普通数码相机。

再次，单反数码相机采用单镜头反光式取景，无视差现象。

最后，单反数码相机还配有各种强大的功能。如除自动功能，程序功能，还有手动功能；有较高的快门速度，高达 1/8000 秒，还有较高的感光度，如尼康 D3X 感光度高达 23000°，便于抓拍飞驰的动体；便于在较暗的环境中拍摄；配备有每秒三张、五张、九张不等的连拍装置，适合抓拍新闻。

③ 不足之处

一是像素越高，功能越多，则体积越大，体重越重，且外出携带不方便；二是价格昂贵。目前，尼康 D3X 的机身就需 7 万多元。

3.3.3　数码相机的等效焦距

之所以有等效焦距这一概念，是因为传统 35mm 相机以前是流行很广的相机，35mm 胶片的尺寸是 36mm * 24mm，由于 35mm 焦长的广泛使用，所以它成了一种标尺，也成了一个标准，就像我们用米或者公斤来度衡长度和重量一样，35mm 成为我们判断镜头视野度的一种标注。例如，28mm 焦长可以实现广角拍摄，50mm 镜头是最接近人眼自然视角的，而 500mm~600mm 镜头就属于超望远视角，可捕捉远方的景物。

现在的数码相机传感器尺寸有许多种，以至于只知道镜头的实际焦距并不能知道拍摄范围（即镜头的视角）有多大，所以才告知等效焦距，比如一只 17mm 镜头装在佳能 400D（APS-C 传感器）上的取景范围与一只 27mm 的镜头装在传统 135 相机上（胶片 24mm＊36mm）的取景范围是一样的，因此说佳能 400D 相机的 17mm 镜头等效于 135 的焦距为 27mm。

在实际运用中，对于那些小于 35mm 胶片尺寸的传感器所配备的镜头，都要进行换算后，才能等效于 135 的焦距。

如果是普通单反，佳能要乘以 1.6 倍，尼康要乘以 1.5 倍，适马要乘以 1.7 倍，而奥林巴斯是 2 倍。

例如：200mm 的镜头用在尼康 D200 上，200mm＊1.5，其焦距便是 300mm。但如果是全画幅 CMOS，比如佳能 EOS 1Ds Mark 2/3、佳能 EOS5D、尼康 D3 这些机型，由于 COMS 尺寸与胶片尺寸相同，所以不用换算，与胶片 135 焦距相同。

3.3.4 全画幅单反数码相机

画幅是指数码相机成像元件感光面积的大小。在数码相机中，感光元件面积大小分为大画幅、中画幅、全画幅、小画幅。大多数数码相机感光元件面积都比较小，制造商经过努力，并借用了 135 底片面（36mm＊24mm）这一标准，制造出了画幅适中又可承载很多像素的感光元件——全画幅感光元件。它的大小等于普通胶卷大小，尺寸为 36mm＊24mm，这样数码相机所使用的镜头都能达到等焦距，如：佳能 EF24-70mm 的镜头用在全画幅的 5D11 上时焦距仍然是 24~70mm，如果该镜头用在小画幅的相机佳能 600D 上时，由于感光元件画幅变小，同样镜头的焦距也相应延长，约为 1.5 倍，相当于 36~105mm 的焦距。

因此，全画幅的数码相机不但可使镜头得到等焦距的应用，而且成像画质也相当高。全画幅的优势显而易见，不仅可以让老镜头物尽其用，还因为感光元件 CCD/CMOS 面积大，这样一来捕获的光子就越多，感光性能就越好，信噪比越低。说全画幅单反是未来数码单反发展的一个大趋势，原因也就在此。

另：大、中画幅的相机大家接触较少，这里简单介绍下宾得的一款中画幅相机 645D，此机有效像素：4000 万像素，传感器尺寸超过了全画幅达到 44mm＊33mm，成像品质极高，属于商业摄影类别的机器了。

3.3.5 传感器尺寸

60mm＊60mm 是 120 胶卷的尺寸，这个级别的数码相机很少，家用的更少。

全画幅，也就是 135 底片的大小，大概是我们能承受的最高档次了，如，佳能 5D2，尼康 D3 等。

APS-H 级为非主流，常见的就佳能 1D 系列的部分产品。

APS-C 是入门单反和部分单电最常用的规格，其中佳能略小一些，尼康和索尼稍大。索尼的大多数单电也是这个级别。

其他品牌如松下、奥林巴斯、柯达等单电系列比 APS-C 再小些，叫做 4/3 系统（Four Thirds System，又经常直称为四三系统），由奥林巴斯和柯达共同发起。

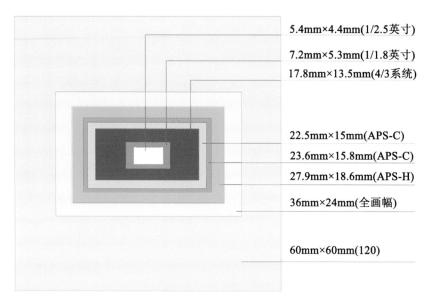

图 3-11 中心两个尺寸是卡片机级别。好一点的是 1/1.8 英寸（有的会略大一点，比如松下 LX5 是 1/1.65 英寸），差点的就是 1/2.5 英寸或略小。

再往下还有，1/3～1/4 英寸。这个一般是 DV 才用（当然好的 DV 是 3CCD 的，红绿蓝信号分别处理）。

所以带视频功能的单反拍出来的视频效果胜过 DV，而 DV 的拍照功能拍出来的照片总是较差。

手机的传感器尺寸就更小了，总不会大过 DV 的。

这样，单反好在哪、贵在哪就不言而喻了。虽然同样是千万像素级，但指望像指甲盖大小的传感器能提供优质的信号是不可能的。

3.3.6　单电相机

单电相机，顾名思义，是采用电子取景器（EVF）且具有数码单反功能（如可更换镜头、具备快速相位检测自动对焦，较大的影像传感器尺寸等）的相机。2010 年 8 月，索尼首推数码单电相机——SLT-A55 和 SLT-A33。"单电"是索尼公司的商标。

（1）概念

指具备全手动操作，采用固定式半透镜技术（Translucent Mirror Technology）、电子取景器的相机。

（2）与单反相机的区别

单反相机有反光镜和五棱镜，光线通过镜头，再通过反光镜、五棱镜的反射，最后到达眼睛，所以我们从光学取景器中看到的景物是以光速传播的，速度非常快。而单电相机没有反光镜和五棱镜，我们在电子显示屏或电子取景器上看到的景物，实际来自电路中传递来的信号。

图 3-12　数码单电相机

（3）半透镜技术

半透镜固定在相机中原本是反光镜的地方。从镜头进入的光线中，有 30% 被反射到机顶，给测光和对焦系统使用；70% 透过反光镜射到图像传感器上，用来取景、成像。

图 3-13　半透镜功能相机

（4）单电相机的优缺点

优点是：无需抬起的半透镜，降低了振动，保证了相机的连拍优势和弱光环境下更小的机震；同时，由于将一部分光路反射到 AF 传感器上，无论连拍还是视频拍摄，都能做到实时相位检测自动对焦。通过电子取景器，能预览曝光补偿、直方图、白平衡效果，按快门之前就能知道拍出来的照片是什么样，减少回放次数。

缺点是：由于用电阻屏取景，比较耗电；不适于抓拍。

总的来说单电相机是介于单反相机和卡片机之间的产品，它既不如单反相机"快"，又不如卡片机便携，主要的好处是可以更换镜头。对于家用和旅行来说还算不错，对于严肃的摄影爱好者或者是摄影师来说，作为备用机来使用可能更合适一些。

3.3.7　微电相机

微电相机之前就是单电相机，它只是索尼公司为了区分两种机型而提出来的叫法。微电相机最大的特点就是太像单反了，它可以更换镜头，拥有多种手动控制功能，同时它又像卡片机一样轻便小巧，有很多功能，让用户可以轻松使用。

　　微电相机的缺点是：①对焦速度慢，镜头品种缺乏。在专业摄影领域，单反仍将占据主流，原因是微电的操控和响应速度无论如何也比不上单反。②微电相机体积小，机身上的按钮不可能很多，大量功能需要进入菜单才能设置。③微电相机电池容量也不大。

图 3-14　微电相机

3.4　135 单镜头反光相机的功能及操作

　　135 型单镜头反光相机虽品牌繁多，但其性能和操作步骤大体相同，这里我们以海鸥 DF-2000A 型相机为例来进行讲解。

图 3-15　DF-2000A 型各部分名称 1

图 3-16　DF-2000A 型各部分名称 2

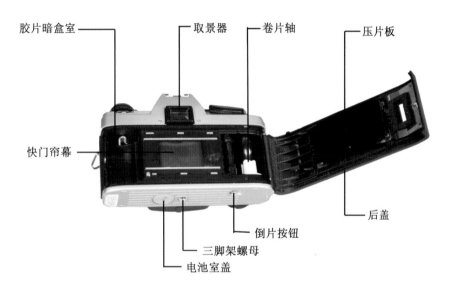

图 3-17　DF-2000A 型各部分名称 3

3.4.1　镜头的装卸

（1）装镜头

把镜头上的镜头装卸标记（红点）对准相机的镜头座圈上的红点，然后把镜头插入镜头座圈，按顺时针方向转动镜头，直到发出"咔嚓"声，说明镜头已装上。

（2）卸镜头

一边按下镜头装卸钮，一边沿逆时针方向把镜头转到底，然后从镜头座圈中拉出。

图 3-18 装镜头示意图

图 3-19 卸镜头示意图

3.4.2　总开关与快门按钮

（1）总开关

把总开关推到"ON"的位置使相机处于工作状态。拍照完后，注意要把总开关向相反方向推足，以防止使快门误动并防止电池消耗，但如要随时拍摄突如其来的意外镜头，可长时间将总开关置于开的位置。

图 3-20　总开关示意图

（2）快门按钮

当快门按钮被向下按到底时，快门就动作。

图 3-21　快门按钮示意图

3.4.3 胶卷的安装

① 扳起倒片扳手，向上连拉两下倒片钮，后盖会自动弹开。

图 3-22　安装胶卷 1

② 把 135 型胶卷暗盒的凸轴向下并装入相机胶卷槽内，然后压下倒片钮。注意在安装或取出胶卷时，应避开直射光线，并绝对不要触摸帘幕部分。

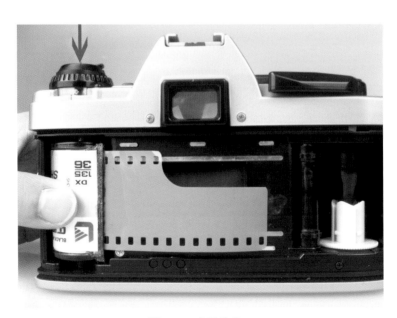

图 3-23　安装胶卷 2

③ 把胶卷拉出一小段，将前段插入卷轴沟内。

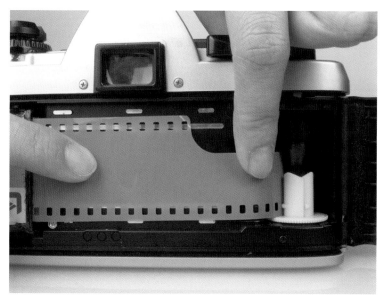

图 3-24 安装胶卷 3

④ 重复按动快门按钮，扳动卷片扳手的动作，直到胶卷上的两排小方孔和胶卷滑轮上的齿轮吻合为止。

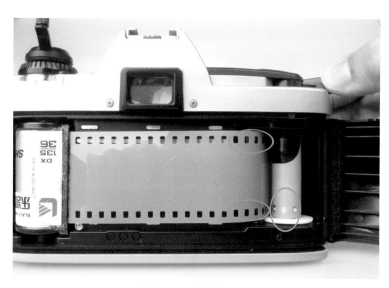

图 3-25 安装胶卷 4

在胶片扳手没有转到尽头，或者是总开关没有打开这两种情况下，快门按钮是按不下去的。

⑤ 确认胶卷确实处于拉紧状态后，关上相机后盖。

图 3-26   安装胶卷 5

3.4.4　快门与光圈的调节

拍摄时根据需要，转动调速拨盘和光圈调节圈，以选择适当的快门速度和光圈，并将选择好的速度和光圈分别对准相应的标记，必须注意：调速时速度必须调节在每一档的定位档内。

图 3-27　光圈的调节

3.4.5　对焦的调节

磨砂玻璃对焦：转动对焦环，调到整个影像清晰为止，适用于运动物体的拍摄。

裂像式对焦：转动对焦环，调到中心裂像上下的影像一致为止，适用于有垂直线条物体和静物的拍摄。

微棱式对焦：转动对焦环，调到微棱环上的影像不发光或没有破裂为止，适用于没有垂直线条物体的拍摄。

3.4.6　相机自拍的调节

自拍系统可延迟 10 秒钟启动快门。在一般情况下，拍摄者要将自己也摄于画面中才使用相机自拍功能。自拍步骤如下：

① 在固定的支撑物（如三脚架）上固定相机、构图、并对焦；

② 把快门和光圈设定好，以达到正确曝光；

③ 向上拉出自拍开关；

④ 按动快门按钮。

在自拍系统启动快门之前，指示灯（红色）闪亮以指示快门启动前所剩余的时间。自拍进行时指示灯按如下方式闪烁：

前 8 秒钟：每秒 2 次；最后 2 秒钟：连续。

启动自拍系统后，如想要停止自拍，可向下推下自拍开关或把总开关推到"关"的位置。

自拍完毕后，切记把自拍开关关闭，否则下一张拍摄时也会按自拍顺序执行，导致误拍和浪费胶片。

图 3-28　自拍开关示意图

3.4.7　慢门（B 门与 T 门）的运用

（1）B 门的运用

当快门速度设定于"B"位置时，在按下快门按钮时快门打开，直到松开快门按钮时快门才关闭。这样就可以获得 1 秒以上的曝光时间，适用于夜间摄影。使用 B 门时，应使用三脚架或其他稳固的支撑物固定相机，为避免按动快门按钮或启动快门时使相机震动，可使用快门线，如果曝光时间较长，可以用快门线上的锁定装置将其锁定完全敞开状态的快门，这是最为方便的操作方法。

（2）T 门的运用

当快门速度置于"T"位置时，在按下快门按钮时快门打开，这时松开快门按钮，快门继续保持打开状态，直到再次按下快门按钮时快门才关闭（在较长时间曝光时，此功

图 3-29　B 门示意图

能可代替快门线锁定装置)。这样就可获得 1 秒以上的曝光时间, 同样是适用于夜间摄影。使用 T 门时, 应使用三脚架或者其他稳固的支撑物来固定相机。

图 3-30　T 门示意图

3.4.8 胶卷盒胶卷感光度的设定

相机使用 135 型胶卷，每盒胶卷都标有该胶卷的 ISO 感光度指数，为得到正确的曝光，相机上的胶卷感光度必须设定为与使用胶卷感光度的指数一致，操作的步骤是：按住胶卷感光度环释放钮，旋转胶卷感光度环直到所需要的感光度指数和标记线对齐，放开释放钮，感光度环就被锁定。

相机的背面左侧有一个胶卷检查窗，此窗方便确认所装胶卷的感光度数及型号。

拍摄时根据需要，转动调速拨盘和光圈调节圈，以选择适当的快门速度和光圈，并将选择好的速度和光圈分别对准相应的标记，必须注意：调速时速度必须调节在每一档的定位档内。

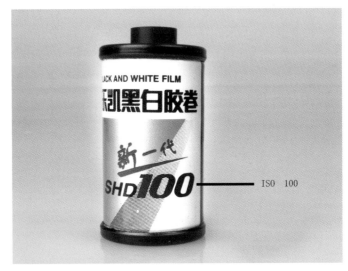

图 3-31 感光度调整窗口

3.4.9　海鸥 DF-2000A 内测光系统的运用

相机的内测光功能，使摄影者在拍摄时能正确控制曝光量。因此在使用时还需增加测光操作。

测光的操作：把电源开关推到"ON"，轻按快门按钮，测光电路开始工作，取景器内灯（LED）会点亮，如果先设定速度，那么转动光圈环；如果先设定光圈，则转动速度盘；直到绿灯亮，表示已选定了合适的曝光量（当手指离开快门按钮后，LED 能继续保持 15 秒钟）。

电池的检测：轻按快门按钮时，如果电池充足，LED 灯发出明亮的亮光；如果电池不足，LED 灯发出微亮的暗光；如果电池耗尽，所有的 LED 灯都不亮，快门也锁定。

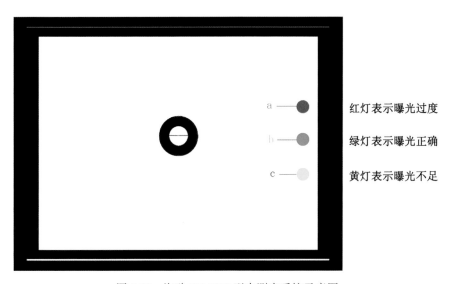

图 3-32　海鸥 DF-2000 型内测光系统示意图

3.4.10　景深预测按钮的运用

通常，在取景对焦时，单反相机的镜头光圈处于最大通光口径状态。这样有利于明亮取景和精确对焦，但不能直接观察到实际设定光圈时被摄主体前后景深的范围。DF-2000A 相机特设的景深预测功能可解决这一问题。

具体操作是：在确定被拍摄主体并完成取景对焦设定曝光组合后，用左手大拇指按下景深预测按钮，镜头光圈即收缩到已设定的光圈值，此时，所观察到对焦屏上被摄主体前后的模糊景深变得清晰起来，前后清晰的范围即是被摄主体的景深范围。如果认为景深过大或过小，可重新设定光圈，并重复景深预测操作，直至获得所需的景深范围。

随着使用经验的增长，景深预测将会更精确。

景深预测按钮

图 3-33　景深预测按钮示意图

3.4.11　胶卷的倒卷和取出

①按下相机底部的倒片按钮（注：如果未按下此按钮，直接倒片，将会把胶卷拉断，导致拍完的胶卷难以取出）。

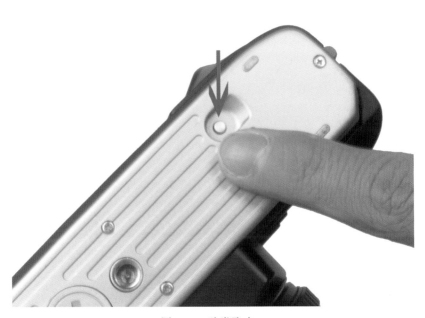

图 3-34　胶卷取出 1

②扳起倒片扳手,顺扳手上的箭头所示方向转动,直到胶卷全部倒回暗盒内位置。

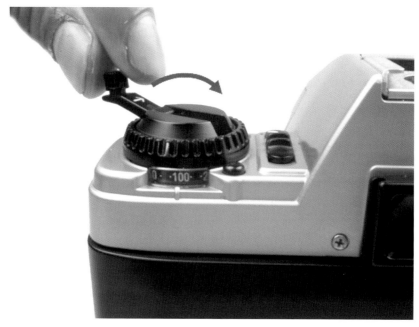

图 3-35 胶卷取出 2

③打开后盖,取出胶卷(注:当胶卷未倒回暗盒时,切勿打开相机后盖)。

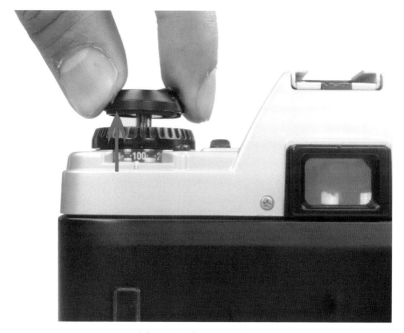

图 3-36 胶卷取出 3

3.4.12 相机的保养和存放

照相机内部结构非常精密，使用时要注意不要摔落或碰撞。另外，如果相机落入水中，或者相机内部进入水分，水会流到手够不到的地方，使零件生锈，有的不能修理，即使有的能修理，修理费也会很贵，所以在水边使用时，要高度注意。

在温度非常低的场所使用，有时会影响正规的动作，所以相机要保温使用，特别是在温度变化很大时，相机内部容易产生水分，要避免这样的情况发生。

相机最怕灰尘，要经常清扫，保持干净，要用柔软干净的布轻轻擦拭，绝对不要使用有机溶剂清洗。

镜头应随时保持清洁，不慎弄脏，要先用吹风刷把灰尘清除，再用柔软干净的布轻轻擦拭，如果还不干净，可以用镜头纸蘸上少量的镜头清洁液（柯达或富士产品等）轻轻擦拭，除了清洁液以外，其他一律不要使用。绝对不要用手触摸反光镜，少量的灰尘污物不会影响反光镜的功能。

在海岸边摄影后，要用柔软的布仔细地把相机表面的盐分等擦拭干净。

在清扫相机的镜头接合环表面时，要用干净的布轻轻擦拭，不要使用有机溶剂。

两个星期以上不使用相机时，必须把电池取出来。

相机不能放在高温或潮湿的地方，应该放在通风较好的地方，和干燥剂一起放入盒中保存最好。

搬运相机时，不要放在汽车的后箱或后窗等高温的地方，以防止相机发生故障。

3.5 数码相机的主要功能及操作

现以尼康数码相机 D80（配备 if ED 18-135mm 镜头）为例来讲解。

图 3-37　尼康数码相机 D80

图 3-38　模式拨盘

3.5.1　模式拨盘

（1）P—程序

在该模式下，相机在大多数情况下会自动调整快门速度和光圈以获得最佳曝光。在快照和其他由相机控制快门速度和光圈的情况下建议使用该模式。

若要在自动程序曝光下拍摄照片，请执行以下步骤：

① 将模式拨盘旋转到 P 位置。

② 构图、对焦并拍摄。

（2）柔性程序

在模式 P 下，旋转主指令拨盘可以选择不同的快门速度和光圈组合（"柔性程序"）。所有组合将产生同样的曝光。当柔性程序有效时，控制面板中将会出现一个 p﹡指示。若要恢复默认的快门速度和光圈设置，可旋转主指令拨盘直到指示消失、选择其他模式或关闭相机。

（3）AUTO—自动

此模式是一个自动的"即取即拍"模式，其中大多数设置将由相机根据拍摄条件进行控制。

（4）S—快门速度优先

在快门优先自动曝光模式下，可为快门速度选择从 30 秒到 1/4000 秒之间的值，而相机可自动选择光圈以获得最佳曝光。使用低速快门，通过模糊运动物体可以表现动态效果，使用高速快门则可以"凝固"动作。若要在快门优先自动曝光模式下拍摄照片，可执行以下步骤：

① 将模式拨盘旋转到 S 位置。

② 旋转主指令拨盘以选择所需的快门速度。

③ 构图、对焦并拍摄。

（5）A—光圈优先

在光圈优先自动曝光模式下，可任意调整镜头光圈从最小值到最大值，而相机可自动选择快门速度以获得最佳曝光。小光圈增加景深，可将主要拍摄对象和背景都加入到景深里。大光圈则虚化背景细节。若要在光圈优先自动曝光模式下拍摄照片，请执行以下步骤：

① 将模式拨盘旋转到 A 位置。

② 旋转副指令拨盘以选择所需要的光圈。

③ 构图、对焦并拍摄。

（6）M—手动

可以自行控制快门速度和光圈。是摄影创作的最佳模式，快门速度可以被设置为从30 秒到 1/4000 秒之间的值，按住快门则可达到更长时间曝光。光圈可以被设置为镜头最小值与最大值之间的数值。若要在手动曝光模式下拍摄照片，请执行以下步骤：

① 将模式拨盘旋转到 M 位置。

② 旋转主指令拨盘以选择一个快门速度，旋转副指令拨盘则可设置光圈。在电子模拟曝光显示中检查曝光。

③ 构图、对焦并拍摄。

（7）夜间模式〔即取即拍模式（数字可变程序）〕

用于拍摄夜晚的风景照。内置闪光灯和自动对焦辅助照明灯将自动关闭。

（8）运动物体锁定模式〔即取即拍模式（数字可变程序）〕

用于凝固动体动作瞬间的拍摄。内置闪光灯和自动对焦辅助照明灯将自动关闭。

（9）近拍模式〔即取即拍模式（数字可变程序）〕

用于对花朵、昆虫和极细小物体进行特写拍摄。相机将自动对焦于中央对焦区域中的拍摄对象。使用三脚架，可防止模糊。

（10）风景模式〔即取即拍模式（数字可变程序）〕

用于拍摄生动的风景画面。内置闪光灯和自动对焦辅助照明灯将自动关闭。

（11）人像模式〔即取即拍模式（数字可变程序）〕

用于拍摄具有柔和、自然肤质感的人像。如果拍摄对象远离背景或使用了长焦镜头，背景细节将被柔化以给出层次上的和谐感。

（12）夜景模式〔即取即拍模式（数字可变程序）〕

使用低速快门可拍摄出非常美丽的夜景。内置闪光灯和自动对焦辅助照明灯将自动关闭；使用三脚架，可防止模糊。

（13）夜间人像〔即取即拍模式（数字可变程序）〕

在较暗的光线下拍摄人物肖像时，用于主要拍摄对象与背景之间的自然平衡。

3.5.2 闪光灯模式按钮

在 P、S、A、M 模式下可强行打开，不需要时，也可不打开。在自动模式、人像模式、近拍模式及夜间人像模式下是根据现场光的不足而自动打开闪光灯。

图 3-39　闪光灯模式按钮

图 3-40　BKT 包围

3.5.3　BKT 包围

曝光三次，闪光三次，白平衡三次（在没有把握的情况下使用）。包围将根据每次拍摄来自动改变所选设置，从而"包围"当前值。受影响的是使用个人设定 13（自动包围曝光设定）所选的设置；在下文中，假设已选择自动曝光和闪光来改变曝光和闪光级别。

其他选项可用来单独改变曝光或闪光级别或者用来包围白平衡。

　①按住 BKT 按钮，并旋转主指令拨盘，以选择在包围序列（2 或 3）中的拍摄数量。

　②按下 BKT 按钮，并旋转副指令拨盘，可从 0.3 EV 到 2.0 EV 之间为包围增量选择数值。

　③构图、对焦及拍摄。相机将改变每次拍摄时的曝光和闪光级别。默认设置下，第一张照片将以当前的曝光和闪光灯补偿数值拍摄，随后的照片则以更改后的数值拍摄。若包围序列包括 3 张照片，拍摄第 2 张时，相机将从当前数值中减去包围增量，而拍摄第 3 张时将加上包围增量，从而"包围"当前数值。更改后的数值可高于曝光和闪光灯补偿的最大值，或低于它们的最小值。更改后的快门速度和光圈将显示在控制面板和取景器中。当包围有效时，控制面板中将出现一个包围进程指示。拍摄未更改数值的照片时，指示中的■片段将会消失，以负增量拍摄照片时，▶− 指示将会消失，而以正增量拍摄照片时 +◀ 指示将会消失。若要取消包围，按下 BKT 按钮并旋转主指令拨盘，直到包围序列中的拍摄数量为零，这时，控制面板中的 BKT 将会消失。最后有效的程序将在下一次包围激活时恢复。

3.5.4　AF/M（自动对焦/手动对焦的调节）

图 3-41　AF/M（自动对焦/手动对焦的调节）

　　对焦可被自动调节，也可手动调节。也可为自动或手动对焦选焦区域，或在对焦后使用对焦锁定重组照片。

　　（1）自动对焦 AF

　　当对焦模式选择器设置为 AF 时，半按下快门释放按钮，相机将自动对焦。在单区域自动对焦模式下，相机对焦时将发出一次蜂鸣音。在（运动）模式下选择了 AF-A，或使用连续伺服自动对焦时，不会发出蜂鸣音（请注意，当在 AF-A 自动对焦模式下拍摄移动的物体时，相机可能会自动选择连续伺服自动对焦）。

（2）手动对焦 M

当镜头不支持自动对焦（非自动对焦 Nikkor 镜头），或自动对焦不能达到预期效果时，使用手动对焦（M）。若要手动对焦，请将对焦模式选择器设置为 M，并调节镜头对焦环，直至取景器中 clear matte 区域内显示的影像在焦点上为止。

图 3-42　测光模式按钮

3.5.5　测光模式按钮

按下测光模式按钮，同时旋转主指令拨盘，直至出现所需要的测光模式：

▦ 3D 彩色矩阵测光：大多数情况下推荐使用。相机对画面的广泛区域进行测光，并获得亮度、色彩饱和的自然效果。

◉ 中央重点测光：相机对全画面测光，但重点在画面中央区域。

▢ 点测光：相机在直径为 3.5mm 的环上进行测光（约为画面的 2.5%）。

3.5.6　AF（自动对焦模式）

包括 AF-A，AF-S，AF-C。一般调到 AF-A 自动选择，即可对焦于静物，也可对焦于移动物。AF-S，单次伺服自动对焦，用于拍摄静物对象。AF-C，连续伺服自动对焦，用于拍摄移动对象。调节：每按一次 AF，即 ┌→ AF-A ──→ AF-S ──→ AF-C ┐ 循环。

图 3-43　自动对焦模式

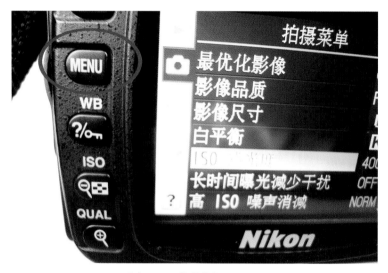

图 3-44　菜单按钮 MENU

3.5.7　菜单按钮 MENU

　　根据需要设定各种模式。大部分拍摄、播放以及设定选项可以通过相机菜单来设置。若要查看菜单，请按下 MENU 按钮。使用多重选择器和 OK 按钮，可在相机菜单中进行导航。

3.5.8　白平衡按钮 WB

　　白平衡可确保照片的色彩不受光源色彩的影响。在大多数光源下推荐使用自动白平

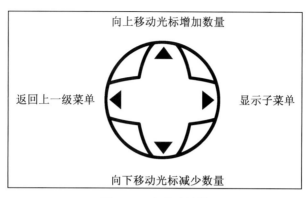

图 3-45　多重选择器

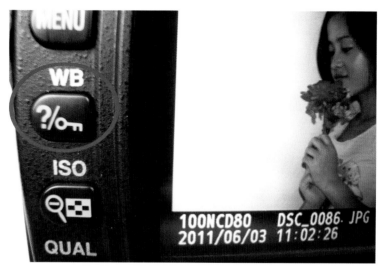

图 3-46　白平衡按钮 WB

衡；若有需要，可根据光源类型选择其他值。

观察控制面板，按下 WB 按钮，同时旋转主指令拨盘，有以下选项可供选择：

自动：相机自动设置白平衡，在大多数情况下使用。

白炽灯：在白炽灯照明下使用。

荧光灯：在荧光灯照明下使用。

直射阳光：景物处于阳光直射下使用。

闪光灯：闪光灯照明下使用。

阴天：在白天多云时使用。

阴天：在白天景物在阴影下使用。

K：选择色温。

3.5.9 AE-L/AF-L（曝光锁定，对焦锁定）按钮

对焦后可锁定对焦和曝光，以便改变构图。操作是：对焦框对准景物，并半按快门按钮不放，同时按下曝光对焦锁定钮，这时移动镜头，将主体放在画面任何位置时，其曝光数值和对焦都不会改变，构图完结后，按下快门摄影即可。

图 3-47　曝光锁定，对焦锁定按钮

3.5.10 快门释放按钮

相机有一个两段式快门释放按钮，半按下快门释放按钮时相机进行对焦。若要拍摄相片，将其完全按下。

图 3-48　快门释放按钮

3.5.11　手动（M）模式下快门和光圈的调整

在控制面板显示快门和光圈数值的同时，取景器内有一个模拟曝光显示供拍摄者查看。这个图案可显示当前设置下是曝光不足还是曝光过度，使拍摄者对快门和光圈做相应调整。

①将模式拨盘旋转到 M 位置。

②旋转主指令拨盘以选择一个快门速度，旋转副指令拨盘则可设置光圈。在旋转指令拨盘的同时，从控制面板和取景器内提示图案中都能观察得到快门和光圈数值的显示变化及图标的变化。

图 3-49　手动（M）模式下取景器内快门和光圈的模拟曝光显示

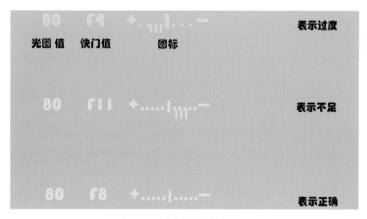

图 3-50　取景器内模拟曝光

3.5.12　感光度的运用

感光度是指对光线的敏感程度。

数码相机在拍摄时都要考虑感光度的设置，并有多项可选择：ISO25、ISO32、ISO50、

ISO100、ISO200、ISO400、ISO800、ISO1600、ISO3200 等，常用的是 ISO100、ISO200，高感光度范围在 ISO400 以上、低感光度范围在 ISO50 以下。感光度的数值相差多少，表示感光度就相差多少，如 ISO200 是 ISO100 的 2 倍。

（1）提高感光度的作用

每提高一级感光度，快门速度可提高一级。所以，在环境照度较暗的情况下，为促使快门速度提高，可根据需要合理地提高感光度。

表 3-1 　　　　　　　　　　　提高感光度实用价值列表 　　　　　　　（在同一光线条件下）

ISO	快门	光圈	对于静物画面效果	对于动体物画面效果
100	1/15 秒	F2.8	模糊	完全模糊
200	1/30 秒	F2.8	较为模糊	模糊
400	1/60 秒	F2.8	较清晰	较为模糊
800	1/125 秒	F2.8	清晰	较为清晰
1600	1/250 秒	F2.8	清晰	清晰

（2）提高感光度的副作用

感光度越高，画面的反差越低；

感光度越高，画面的噪点越大；

感光度越高，画面的色彩饱和度越低。

（3）如何正确使用感光度

① 根据以上"提高感光度的副作用"的这一不利因素，在现场光线足够的情况下，不要提高感光度。

② 一般正常的感光度设置在 ISO100～ISO200 即可。如果光线充足，为了确保画面的高质量，甚至可设置到低感光度（即 50 度以下），因为低感光度的优点，恰恰与高感光度的副作用相反。

③ 在实际拍摄中，如果感觉现场光线不够，或观察到快门速度很低，或要抓取高速运动的物体，可根据需要重新设置高感光度。

3.5.13 "影像尺寸"与"影像品质"的设定

对于"影像尺寸"与"影像品质"如何设定，很多人不知所措。

数码相机的"影像尺寸"与"影像品质"，实际就是图像的"像素大小"与"压缩比"的问题。而在实际运用中，很多人常常为是用 RAW 格式还是用 JPG 格式，是设定"精细"的品质还是设定"基本"的品质来拍摄而感困惑。于是，有些人为了保险起见，干脆统统用最大的尺寸、最好的格式进行拍摄，结果是占用了很大的存储空间。而有些人为了减少存储空间，就用 M（中）或 S（小）的尺寸、JPG 格式的"一般"或"基础"品质进行拍摄，结果想放大照片时受到了限制。其实，这两种考虑都是不符合实际的。在没有经过比较，没有搞清楚之前，这确实是一个令人头痛的问题。

"影像尺寸"实际上就是"像素"的边长，我们用一张"纸"做例子，假如一张

4288 像素＊2848 像素（1221 万像素）的图片，就是一张边长 36cm＊24cm 的纸。用"L"尺寸拍摄，就是用足了这一张纸的全部面积（全部像素），用"M"尺寸，就是用了半张纸的面积（一半像素）。要把一张纸剪掉一半非常容易，而要把半张纸还原成一张纸就没有办法了。所以，在尺寸的选择上，任何时候我们都要选"最大"，就是把像素用足了。

"影像品质"就是图像存储时的"压缩比"，好比纸张的质地。我们用适用于重要著作、科技图书、学术刊物、大中专教材等正文用纸（凸版纸）做例子，凸版纸按纸张用料成分配比的不同，可分为 1 号、2 号、3 号和 4 号四个级别。纸张的号数代表纸质的好坏程度，号数越大纸质越差。

一张 1221 万像素图片 TIF 格式的文件量是 35M（兆），这时代表 1 号张纸，可以说是一张具有质地均匀、不透明，有抗水性能，有一定的机械强度等特性，中间是没有空隙的。而用 JPG 格式的"精细"（FINE）的压缩比（尼康相机称为 4 分之一压缩比，在 Photoshop 中是"12"最佳压缩比）拍摄的图片，相当于一张 2 号凸版纸，质地比较厚，但有一定的透明度。"一般"（NORM）的压缩比（尼康相机称为 8 分之一压缩比，在 Photoshop 中是"10"的压缩比），相当于一张 3 号凸版纸，质地稍微薄一点。"基本"（BASIC）（尼康相机称为 16 分之一压缩比，在 Photoshop 中是"8"的压缩比）的图片，相当于一张 4 号凸版纸，中间的空隙大了许多、更加透明了。在一般平视的情况下，我们是看不出纸的厚薄的，只有对着强光透射看，我们才知道它们的空隙和透明度是不同的。

用 RAW 拍的照片，用专用软件处理后，层次与清晰度明显比同时用 JPG 格式拍的照片要好。

因此，在拍风光、广告、人像等高素质照片的时候，最好用 RAW 格式。因为它是一种无损压缩，记录了拍摄的原始数据，后期调整的余地比较大，层次、细节比较丰富。而在拍摄纪实作品的照片，尤其是用于新闻报道的照片，用 JPG 格式就可以了。因为，这时候不是以"质"取胜，而是以照片的内容与立意取胜。这个时候，你只有把白平衡控制好，曝光不要过度或不足就可以了，照片的精细不精细你的肉眼根本无法区别，对比赛的影响是极小的。而且，现在的软件越来越先进，许多参数后期都是可以处理的。

本章思考与练习

1. 135 型相机的特点是什么？
2. 135 型相机的基本分类有哪些？
3. 为什么单镜头反光相机要优越于平视旁轴相机？
4. 常见的传统相机有哪些？
5. 数码相机的成像原理是什么？
6. 数码相机有哪几种类型？各有什么特点？
7. 什么是等效焦距？

·◉ 第 4 章 ◉·
景深、焦距与超焦距

实验三　景深的运用

实验目的：1. 熟悉景深的概念；

2. 了解景深在摄影中的运用价值；

3. 在摄影实践中如何运用景深。

实验内容：讲解模糊圈的概念与使用要点以及景深的概念。

以图文并茂的形式，展示不同景深在画面中的效果，让学生亲自操作并按照老师的要求调节出相应的景深大小。

主要仪器：海鸥 DF-2000A 相机　　40 台

尼康 D100 数码相机　　1 台

尼康 28-70mm 镜头　　1 个

尼康 80-200mm 镜头　　1 个

尼康 D80 数码相机　　45 台

实验时数：3 学时。

4.1　模糊圈的概念

"模糊圈"又称为"分散圈"。从以下介绍的内容中，我们可以得到模糊圈的概念。

影像是由无数明暗不同的光点组成的，形成影像的光点越小，影像清晰度越高；形成影像的光点越大，影像清晰度越低。这就是我们在观看一幅照片时会出现这幅照片有的地方很清晰，有的地方不大清晰，甚至完全虚糊的原因。

而这种状况的出现，是因为当镜头聚焦于被摄景物的某一点时，该点在胶片上就产生焦点，而这个焦点是构成影像的最小光点。这种最小光点实际上是一种非常小的圆圈。离开聚焦点前、后的其他景物在胶片上就不能产生焦点，它们的焦点落在了焦平面的前面（比聚焦点远的景物）或落在了焦平面的后面（比聚焦点近的景物），而在胶片上形成的成像圆圈（光点）要比焦点上的圆圈（光点）大。

聚焦点前后景物在胶片上结像的圆圈虽然增大了，但仍能用眼睛看到较为清晰的影像。不过这结像的圆圈越来越大时，影像就越来越模糊。

在实践中，我们把这种较为清晰影像的最大圆圈称为"模糊圈"。当圆圈小于模糊圈，能产生清晰或较为清晰的影像；当圆圈大于模糊圈，能产生模糊的影像。模糊圈好似模糊画面与清晰画面（包括较为清晰的画面）的分水岭。

4.2　景深的概念

景深是摄影中常用的重要技术手段，合理地运用景深，能给摄影画面带来惊奇的效果。

4.2.1　什么是景深

景深是指影像纵深的清晰（包括较为清晰）的范围。根据模糊圈的概念，当对某一物体对焦清晰时，不仅仅是该物体清晰，在它的前面和后面的某一段景物也较为清晰，那么，物体清晰加上它前面景物较为清晰和它后面景物较为清晰的范围叫做景深。

如下图所示：

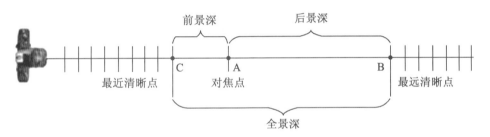

图 4-1　景深示意图 1

在实际运用中，景深的距离范围是可以通过某些因素来改变的，这种距离大，就称景深大，在画面中显现的效果为纵深清晰范围大；这种距离小，就称景深小，在画面中显现的效果为纵深清晰范围小。

景深大的效果

景深小的效果

图 4-2　景深示意图 2

4.2.2 影响景深的因素

影响景深的因素有三个：一是光圈，二是焦距，三是物距（照相机与被摄体之间的距离）。这三个控制景深大小的因素有以下关系：

①用焦距相同的镜头，拍摄的距离不变，光圈越大，景深越小；光圈越小，景深越大。

F1.4 50mm 在焦距、物距不变时，光圈大，景深小　　F5.6 50mm 在焦距、物距不变时，光圈偏小，景深偏大　　F11 50mm 在焦距、物距不变时，光圈小，景深大

图 4-3　景深示意图 3

②用同样的光圈，拍摄的距离不变，焦距越长，景深越小；焦距越短，景深越大。

焦距200mm 在光圈、物距不变时，焦距长，景深小　　焦距70mm 在光圈、物距不变时，焦距偏短，景深偏大　　焦距28mm 在光圈、物距不变时，焦距短，景深大

图 4-4　景深示意图 4

③在焦距，光圈不变的情况下拍摄，物距越近，景深越小；物距越远，景深越大。

物距0.5m　在光圈、焦距不变　　物距1m　在光圈、焦距不变　　物距2m　在光圈、焦距不变
时，物距短，景深小　　　　　　时，物距偏长，景深偏大　　　　时，物距长，景深大

图 4-5　景深示意图 5

4.2.3　查看景深范围方式

（1）取景器观察式

摄影时要想直观看到目前的景深效果以便于调整，可以直接通过取景器观察（光圈大小所呈现的景深效果，需按"景深预测按钮"）。

取景时未按景深预测按钮的效果　　　　　取景时按了景深预测按钮的效果

图 4-6　查看景深方式示意图

（2）景深表观察式

此观察方式仅针对光圈大小所呈现的景深范围。在一般情况下，相机的镜头筒上都有景深表，设置在镜头光圈刻度与距离刻度之间，用对称的光圈数置 22，16，8，4……4，8，16，22 的形式指出每一光圈在某种摄距时的景深范围。例如：光圈设定为 F16，拍摄

距离为 2 米，那么景深表上指示的景深范围大约是 1.5 米（近界限）到 3 米（远界限）。这种景深表上所指示的景深范围不是很精确，只能作为一种参考。

图 4-7　景深刻度表

（3）景深计算公式

用景深计算公式得出的景深范围非常准确，但较为麻烦。景深计算公式如下：

$$景深远点 = \frac{H \times D}{H - D - F} \qquad 景深近点 = \frac{H \times D}{H + D - F}$$

H = 超焦点距离

D = 聚焦距离

F = 镜头焦距

4.3　焦　　深

4.3.1　焦深的概念

焦深是指影像的景深保持不变的前提下，焦点沿着镜头光轴所允许移动的距离。

我们知道，在拍摄的时候要对景物进行准确的对焦，当我们用手动方式对焦于某景物后，在这基础上，如果轻微左右转动对焦圈，会发现在一定的范围内焦点还是清晰的，当超过了一定范围后，焦点就不大清晰了。

4.3.2　影响焦深的因素

与景深一样，光圈、焦距、物距是影响焦深的直接因素。

光圈与焦深成反比。光圈小，焦深大；光圈大，焦深小。如：F8 的焦深大于 F2.8。

镜头焦距与焦深成正比。焦距长，焦深大；焦距短，焦深小。如 200mm 镜头的焦深大于 135mm 镜头的焦深。

物距与焦深成反比。物距近，焦深大；物距远，焦深小。如：对焦于 2 米景物的焦深大于对焦于 10 米的焦深。

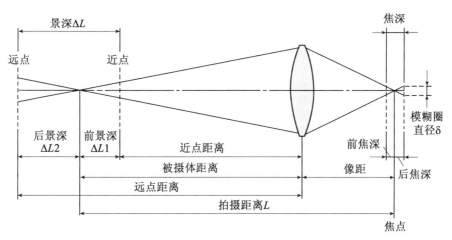

图 4-8　焦深示意图

4.4　超　焦　距

4.4.1　超焦距的概念

超焦距是指镜头对焦至无穷远时，从镜头到景深近点的距离。

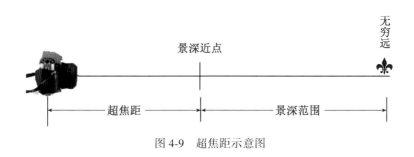

图 4-9　超焦距示意图

4.4.2　超焦距的调节

超焦距的调节可以用带有景深表的相机来实现，计算某光圈超焦距的方法是，将照相机的对焦环转到无穷远位置，查看景深表刻度，该光圈对应的距离数值即为该光圈的超焦距。以海鸥 DF-2000A 相机为例：F22，F16，F8 光圈的超焦距分别为 4 米、5 米、10 米。

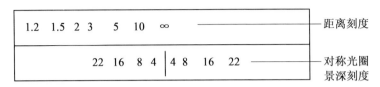

图 4-10　超焦距计算示意图

4.4.3　超焦距的运用

超焦距是一种放大景深效果的对焦技术，一般是在拍摄大场面，而且景深范围包括无穷远时，才涉及运用超焦距。如果所需要的景深范围不包括无穷远而想放大景深时，则是运用前面所述的光圈、焦距、物距来控制景深。

在运用超焦距时，应注意所拍对象中是否有较近的景物需要包括在景深范围内。只有考虑较近景物也需要包括在景深范围之中时，运用超焦距才有价值。

举例说明：

在拍摄某一景物时，想将 2.6 米处至无穷远的景物都拍清楚。如果使用 8 光圈，从相机景深表中查出 8 光圈所对应的超焦距是 10 米。将超焦距"10"转到对焦点，可看出仅 5 米至无限远距离的景物是清晰的。而 2.6 米至 5 米处的景物是模糊的，没有达到预想的要求。若使用 16 光圈时，从照相机景深表查出 16 光圈的超焦距为"5"米，将"5"转到对焦点，这时，左边的光圈 16 对准了距离 2.6，右边的光圈 16 对准了无穷远。在这种情况下拍摄的照片，即从 2.6 米至无限远的景物都是清晰的，达到了预想的要求。

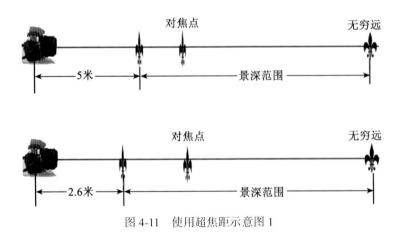

图 4-11　使用超焦距示意图 1

图 4-12　使用超焦距示意图 2

本章思考与练习

1. 模糊圈的概念是什么？
2. 什么是景深？
3. 影响景深的因素有哪些？并举例说明。
4. 什么是焦深？焦深的实用价值是什么？
5. 什么是超焦距？超焦距如何运用？

◦◦ 第 5 章 ◦◦
胶　　卷

实验四　了解胶卷的结构及基本原理实验（以黑白胶卷为主）

实验目的：1. 了解胶卷的结构；
　　　　　　　2. 掌握胶卷的基本性能。

实验内容：以黑白胶卷为例，讲解其结构和原理。让学生观摩黑白胶卷、彩色胶卷不同的片种，使学生掌握根据需要选择不同种类的胶卷。

主要设施：各种类型的胶卷（包括 135 黑白、彩色负片与反转片；120 黑白、彩色负片与反转片）。

教学方式：集中讲解和实物展示相结合；不同胶卷的拍摄并观察其效果。

实验时数：2 学时。

我们已经了解了照相机和镜头，现在要谈谈能够照相感光材料——胶卷。

5.1　黑白胶片的基本组成

黑白胶片包含两个基本组成部分：感光乳剂和涂布乳剂片基。

5.1.1　感光乳剂

乳剂层是感光材料不可缺少的构成部分，其中的感光物质在曝光时可记录在乳剂层上形成光学影像，并在化学加工以后产生可见的银影像。

乳剂层上面涂布一明胶层，即明胶保护层，厚度为 1 微米。它的主要功能是防止乳剂层因受摩擦而产生摩擦灰雾。

乳剂层和片基之间是底层，它是由明胶和少量的片基溶剂溶解于水组成溶液，涂布于片基上。底层的作用是将乳剂层紧紧粘在片基上。

5.1.2　片基

片基是乳剂的载体，可使感光材料具有一定的机械强度。片基的厚度依胶片类型不同而不同，135 胶卷的片基约 0.135mm，120 胶卷片基约 0.120mm，散片片基约 0.21mm。

片基与防光罩层之间有第二粘合层，作用和底层一样是把片基与邻层粘接。

片基的背面涂有防光罩。防光罩层具有防光晕、防静电、防卷曲的作用。

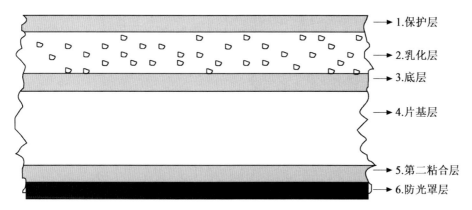

1. 保护层
2. 乳化层
3. 底层
4. 片基层
5. 第二粘合层
6. 防光罩层

图 5-1　黑白胶片结构

5.2　常用的黑白胶卷（负片）类型和尺寸

5.2.1　135 胶卷

135 胶卷是供 135 型照相机使用的一种胶卷，一卷可拍 24 张、36 张不等。135 胶卷的画幅面积为 24 * 36mm。

5.2.2　120 胶卷

120 胶卷是供 120 型照相机使用的一种胶卷，一卷可拍 12 张、16 张、10 张不等，它们的画幅面积分别为 60mm * 60mm、56mm * 45mm，56mm * 70mm，根据 120 相机画框尺寸的不同而不同。

5.2.3　散页胶片

散页胶片最常用的尺寸是 4 * 5 英寸、5 * 7 英寸、8 * 10 英寸。它一般是单页散装或 12 页装的胶片包。

5.3　黑白胶片的特性

黑白胶片有四个主要特性：感色性，感光度（胶片速度）、颗粒度、反差和宽容度。

5.3.1　感色性

感色性是指感光乳剂对各种色光的敏感情况。不同类型的黑白胶片对色彩的反应是不同的。有些胶片对红色比对其他色敏感，有些则对蓝色敏感。摄影者需要懂得感色性的三种基本类型：全色片、色盲片、分色片。

（1）全色片

全色片是常用的一种片型，它对可见光中的红、橙、黄、绿、青、蓝、紫色光均能起敏感反应。即：浅蓝将在胶片上呈现出一种灰影调，而深蓝将在胶片上呈现为另一种不同的灰影调。对红色、黄色、绿色等色也是如此。虽然我们不能在黑白全色片上看到彩色，但可以看到影像的相对光度和暗度。

（2）色盲片

色盲片不用于通常的拍摄，只用于翻拍黑白文字、线图及用于拷贝黑白幻灯片，原因是其只对可见光中的紫、蓝色光起敏感反应。对其他光不起反应（不感光）。也就是说对有红、橙、黄、绿色光的景物而言呈黑色。

（3）分色片

分色片又称"正色片"，它对除红色、橙色以外的其他色都敏感。当用分色片拍一个带有包括红色的景物时，在这张负片上红色区域景物显得相对的淡，因为分色片"看不见"红色。分色片在现代摄影中主要用于印刷制版、黑白图表的翻拍、暗房特技的拷贝等方面。一般在常规的拍摄中已不采用分色片。

5.3.2 感光度

又称"片速"，指胶卷对光线的敏感程度。

任何一卷胶卷在拍摄时都要考虑胶卷的感光度。有些胶卷比另外一些需要更多的光来使卤化银晶体起作用，需要光很少的胶卷称为快片（高速片），需要更多光的胶卷称为慢片（低速片）。

（1）高速片与低速片

黑白全色胶卷的片速种类有 ISO25、ISO32、ISO50、ISO100、ISO200、ISO400、ISO800、ISO1600、ISO3200 等，常用的是 ISO50、ISO100、ISO200，高速片的范围在 ISO400 以上、中速片的范围在 ISO100～ISO200、低速片的范围在 ISO50 以下。在一般的情况下拍摄常用中速片。

高速片的特性是：宽容度大、可提高快门速度、适宜在较暗的环境中拍摄，但颗粒粗、解像力低、反差性低、灰雾度大、保存性差。

低速片的特性是：颗粒细、解像力高、反差性高、灰雾度小、保存性好。但宽容度小、快门速度提不高、不适宜在较暗的环境中拍摄。

（2）感光度的标记

世界各国对胶卷感光度的标记不统一，有"GB"制、"DIN"制、"ASA"制、ISO制。我国用的最多的一种是"ISO制"。它是国际标准组织在1979年公布的感光度标记，旨在统一世界各国对感光度的标记。如"ISO100"读作"ISO100度"。感光度的数值相差多少，表示感光度相差多少，如ISO200是ISO100的两倍。

（3）高速片的实用价值

根据表5-1感光度与感光度之间的这种倍率关系，我们不难得出高速片的实用价值在于，它在较暗的环境中能提高快门速度进行拍摄。

表 5-1 高速片使用价值列表

ISO	快门	光圈	对于静物画面效果	对于动体物画面效果
100	1/15 秒	F2.8	模糊	完全模糊
200	1/30 秒	F2.8	较为模糊	模糊
400	1/60 秒	F2.8	较清晰	较为模糊
800	1/125 秒	F2.8	清晰	较为清晰
1600	1/250 秒	F2.8	清晰	清晰

5.3.3　颗粒度

卤化银晶体在曝光后会发生变化和结团，这种结团形成的形状我们称作颗粒性。颗粒性越大越粗糙，图像越不清晰，越缺乏影像细节。

人眼在一般情况下观看底片或照片的银影时，觉得比较均匀一致。看不出有什么颗粒状态，但颗粒度的直观效果与影像放大倍率密切相关，当颗粒性在影像放大 5～10 倍时即可察觉有明显的颗粒状。另外，胶卷感光度的高低与它的颗粒度成反比，感光度越高，颗粒越粗，反之越细。因此，在光线照度充足的情况下拍摄，不要使用感光度高的胶卷。

5.3.4　反差和宽容度

（1）什么是反差

反差是指敏感亮度的比值。反差体现在胶卷、景物、影像之中，不同感光度的胶卷有不同的反差，一般规律是低速片反差大，高速片反差小。

所摄景物有明暗差别，这种差别大，称景物反差大；反之，称景物反差小。

影像也有明暗差别，这种差别大，称影像反差大；反之，称影像反差小。

（2）反差在摄影中的使用价值

一是不同感光度胶卷所带来的影像反差效果是不一样的，如果你想拍摄出反差适中的画面效果，就选择中速片胶卷（ISO100～ISO200）；如果你想拍出反差较小的画面效果，就选择高速片胶卷（ISO400 以上）；如果你想拍出反差较大的画面效果，就选择低速片胶卷（ISO50 以下）；如果你想创造出不寻常的高反差艺术效果，就可以使用高反差胶卷，它使物体的中间调子被去掉，只有刻板的黑白反差保留下来。

二是人为利用光线的强弱，可达到自己想要的景物、影像反差效果。如果拍摄的对象是儿童，新婚照等明暗反差一般为 1：1；如果想拍摄出富有立体感强的建筑和风景画面，明暗反差就应大一点，一般为 3：1 或 4：1，如果要体现出富有阳刚之气的人物，敏感反差就应更大一些，一般在 4：1 以上。

（3）宽容度

宽容度是指胶卷所能正确容纳景物明暗反差的范围。能将明暗反差很大的景物正确记录下来的胶卷称为宽容度大的胶卷，反之称为宽容度小的胶卷。一般说来，胶卷的宽容度越大越好，宽容度小的胶卷，常会使得景物明暗部分在影像上得不到正确反映，损害影像的真实性。

任何景物表面都有其最亮部分到最暗部分的差别，这种明暗之间的差别，可以用比例数字来表示。例如：某一景物最亮部分比最暗部分要明亮100倍，那么它们之间的比例数字是1∶100，这就是景物的明暗差别。

黑白胶卷的宽容度是1∶128左右，彩色负片的宽容度在1∶32~64，彩色反转片的宽容度仅为1∶16~32。

在摄影曝光中，使用宽容度较大的胶卷去拍摄明暗反差较小的景物，即使曝光量稍微多一些或少一些，对底片的密度影响不大，从实用的角度来讲，胶卷的宽容度越大，对曝光控制越有利。

那么，在摄影实践中，怎样来判断不同胶卷宽容度的范围呢？一般情况，是采用该胶卷"能允许曝光误差正负几档"来表示宽容度。

彩色负片的宽容度是正二档，负一档；彩色反转片的宽容度是正一档，负半档；黑白胶片的宽容度是正三档，负二档。

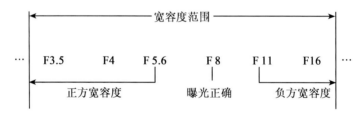

图 5-2　黑白胶卷宽容度为正三档，负三档

此例告诉我们，F8能达到精确曝光，虽然F5.6 \ F4 \ F3.5在F8的基础上分别增加了一档、二档、三档的曝光，但它们都在宽容度之内，所以仍能记录景物敏感范围，也就是说，也可以用F5.6 \ F4 \ F3.5的光圈来拍摄；虽然F11 \ F16在F8的基础上分别减低了一档、二档的曝光，但它们也在宽容度之内，所以也能记录景物明暗范围，也就是说，也可以用F11 \ F16的光圈来拍摄。

以上例子还告诉我们，在没有把握的情况下，所设置的曝光光圈值宁愿靠正方（光圈值开大一些），也不要靠负方。因为，负方的宽容度范围较小，特别是彩色负片和彩色反转片。

5.4　彩色胶卷的类型

在学习摄影的初期，我们建议用黑白胶片，用黑白片将训练眼睛从完全不同的角度去观察光、观察细微的美丽以及层次丰富的灰色调影。而有了一定的摄影技术后，才可转向彩色片的摄影，你可以从绚丽多彩的万花筒中，享受到所有的欢乐与神秘。

在数码摄影盛行的今天，虽然黑白及彩色胶卷的使用已失去了它们以往的辉煌，但它们所带来的无穷魅力及良好的画面质感、逼真的彩色还原仍然备受摄影者和专业摄影者的青睐。为此，这里将作简单介绍。

目前各国生产的彩色胶卷从用途来分，有彩色负片、彩色反转片、彩色正片和彩色中间片四种。其中彩色正片感光度比较低，一般只用于印刷幻灯片，或作彩色电影拷贝片用。彩色中间片是专供从彩色反转片（正片）拷贝彩色中间负片使用的胶片；而直接用于摄影的实际上只有彩色负片和彩色反转片两种。它们的感光度、宽容度等基本和黑白胶片相同，区别在于彩色片的结构、用途及特性不同。

5.4.1　彩色片的结构

彩色片上有三层不同的感色层，如果用显微镜放大来看彩色片的横截面，有如下三层：感蓝层、感绿层、感红层。

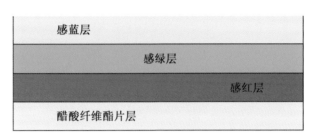

图 5-3　彩色胶片结构

彩色胶片有三层感光乳剂层，在这些乳剂层里面分别含有不同的能够生成染料的有机化合物，叫做彩色耦合剂（成色剂）。它们本身是无色的，但在彩色显影时能与彩色显影剂的氧化物耦合成为有色的染料。对于负片，上层盲色乳剂里所含的耦合剂在彩色显影时形成黄色，中层形成品红色，下层形成青色。这就是我们经过冲洗后的彩色胶片。通过扩印或放大再把影像投射到相纸上或者将反转片反转冲洗，胶片上层的黄色转变为蓝色，中间一层转为绿色，下层则转为红色，此时我们就得到了与自然状态一样的彩色照片或者透明的反转片了。

5.4.2　彩色负片的特点

① 彩色负片经拍摄，冲洗后，在胶片上产生原景物的补色影像，呈现彩色透明负像，它们的红、绿、蓝色分别呈现为青、品、黄色。

② 彩色负片主要用于印放大小不同的彩色照片，也可制作成黑白照片。

③ 彩色负片相对于彩色反转片来说，拍摄时容易掌握些，因为彩色负片的曝光宽容度比彩色反转片要大，在色温上不需要像彩色反转片那么严格。

5.4.3　彩色反转片的特点

① 彩色反转片经拍摄、冲洗后，在胶片上产生原景物的色彩影像，呈现彩色的透明正像，它们的红、绿、蓝色分别呈现红、绿、蓝色。

② 彩色反转片主要用于制作幻灯片，可直接供幻灯机放映用。

③ 彩色反转片还可用于印刷制版，效果质量比彩色照片的印刷制版要好很多，因为彩色反转片无论在影像清晰度、色彩饱和度，还是在层次、颗粒度等方面，都非常优良。

图 5-4　彩色负片

④ 彩色反转片也可以制作成彩色照片，供个人存放影册或者供影展用。

⑤ 相对于彩色负片来说，在同等画幅、同等感光度的情况下，彩色反转片的色彩更鲜艳、清晰度更高、颗粒更细腻、层次更丰富，保存的时间也比彩色负片长，经专家鉴定，彩色负片经拍摄的影像可在 15 年内保持不变色，而彩色反转片经拍摄的影像可长达90 年不变色。

图 5-5　彩色反转片

图 5-6　彩色幻灯片

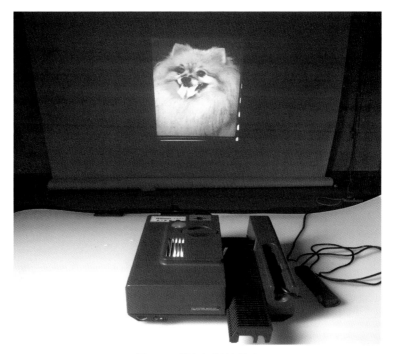

图 5-7　彩色幻灯片放映

表 5-2 　　　　　　　　　　光源与色温对照表

光源类别	色温（K）
日出、日落	2000 左右
日出后和日出前 1 小时左右	3200 左右
中午前后两小时左右的阳光	5500 左右
有云遮日的阳光	6600 左右
阴天	7700 左右
蓝天	10000 左右
电子闪光灯	5500 左右
碘钨灯	3200 左右
白炽灯	2800 左右
蜡烛灯	1600 左右

5.4.4　日光型和灯光型彩色胶片

为什么要分日光型和灯光型呢？这是因为用彩色胶片拍摄时，关系到"色彩平衡"的问题，这是彩色片与黑白片完全不同的特征。

在拍摄黑白照片时，不论光源是日光、电子闪光灯、碘钨灯，还是家用白炽灯，都可以用同一种胶片，但用彩色胶片拍摄时就不行了，原因是不同光源的色温不同。例如：太阳色温高，产生的光很蓝；白炽灯色温低，产生的光为红橙色。一般来说，色温越高，光越偏蓝；色温越低，光越偏黄、橙、红。色温用绝对温度 K 表示。为了使彩色胶卷理想而准确地表达自然界的色，也使胶卷与高色温和低色温这两个极端在色温上能达到一致性，就有了彩色胶卷日光型和灯光型的分类。

日光型片适合在阳光下或者电子闪光灯的照明下拍摄，其平衡色温为 5400K ~ 5600K。灯光型片适合在碘钨灯、钨丝灯（白炽灯）下拍摄，平衡色温为 3200K ~ 3400K。相反，如将日光型片在碘钨灯、白纸灯下拍摄，会使你所拍摄的影像偏橙红；如将灯光型片在阳光下或电子闪光灯下拍摄，所拍摄的画面就会偏蓝绿。在正常情况下，这是一种错误的彩色胶卷选择。当然，如果有意识地使画面产生某种色彩的偏色，以达到某种渲染气氛，是可以反向选择的。如拍摄日出的画面，经常是运用了彩色平衡反向选择。即日出时，太阳和天空是低色温（2000K），为了渲染太阳和天空的绚丽，我们常常就用日光型的高色温（5500K）胶片去拍摄，这样所拍摄的画面就更加红润辉煌。

为达到渲染气氛，反向选择，用日光型胶卷拍摄低色温下的日出，色彩更加绚丽辉煌

用灯光型胶卷在高色温下拍摄的景物偏蓝绿

用日光型胶卷在低色温下拍摄的景物偏橙红

图 5-8　不同色温的胶卷拍摄产生不同的颜色效果

本章思考与练习

1. 黑白胶片的基本组成是什么？
2. 常用的黑白胶卷类型有哪些？它们各自的特点是什么？
3. 什么是感光度？高感光度的特性是什么？
4. 什么是宽容度？
5. 彩色胶片的基本结构是什么？
6. 彩色负片和彩色反转片各自的特点是什么？
7. 什么是日光型和灯光型胶片？

⊷ 第 6 章 ⊶
摄影的曝光、测光与用光

实验五　曝光、测光与用光

实验目的：1. 了解曝光的含义；

2. 熟悉测光方法；

3. 理解不同光线的特征与性质。

实验内容：正确把握技术上和艺术上正确曝光的内涵。通过训练，弄清什么是曝光正确、过度与不足。熟练掌握各种测光方式。掌握各种光线的拍摄技能。

主要仪器：135 型单镜头反光相机海鸥 2000A　　　40 台

　　　　　　数码单镜头反光相机 D80　　　　　　45 台

教学方式：集中讲解和图片展示相结合；教师演示和学生实地操作相结合。

实验时数：2 学时。

影像的再现需要以曝光为前提，达到正确曝光又离不开测光，而要想对画面赋予艺术性效果，合理的用光是关键。要想掌握正确的曝光、测光技术，合理地运用不同的光线，使画面尽善尽美，我们需要不断的学习和实践。

6.1　曝　　光

6.1.1　曝光的概念

曝光就是在摄影时使被摄体反射出来的光线有控制地进入镜头，经过聚焦后照射到感光片上，使感光片发生化学反应，产生一个潜在的影像。

曝光是针对胶片而言的，如果相机内无胶片，曝光也无从谈起。胶片感光度的快慢，决定着曝光的多少；而控制曝光的装置是光圈和快门。因此，影响曝光的基本因素是：胶卷的感光度、光线的强弱、光圈的大小、快门的速度。要想正确曝光，必须根据胶卷的感光度、光线的强弱来合理地调节光圈和快门速度。

6.1.2　正确曝光的标准

（1）理解和把握胶片的宽容度范围

正确曝光是相对的，在同样的光照条件下，景物的浅色部分和深色部分的反光度不同。要用胶片正确地表现出物体浅色和深色部分的曝光量也不同。也就是说，在同一拍摄取景范围内，只要物体反光度不同，必然有的部分曝光不足或者曝光过度。那么，在这种情况下，只要我们想要表现的主体在胶片宽容度以内，并给予正确曝光，这张照片就可以说是正确曝光了。

（2）技术上的正确曝光

当我们观察一幅照片时，如果这幅照片中的景物过亮，而且亮的部分没有了层次和细节，那么这张照片就是曝光过度；相反，照片较暗、无法真实反映景物的色泽，就是曝光不足。那么，曝光后经显影、定影处理后的底片，再经过印放冲洗后的照片，影像影调好、质感强、色彩饱和、亮的部分和暗的部分均能细致地表现影级层次，这称为技术上的正确曝光。

这张照片，主体部分纹理清晰，粉红色彩饱和、背景暗化，但不失绿色色彩的再现，是一张曝光正确的照片

图 6-1　曝光正确

（3）艺术标准的正确曝光

技术上的正确曝光是一种客观概念，然而，大部分情况下，拍摄者经常是有意识地将被摄对象多曝光或者少曝光，以达到自己的表现意图和特殊的画面效果。这种既表达作者的感情、渲染环境气氛，又表现意境的曝光方式，也叫正确曝光，我们称其为艺术正确曝光。这种正确曝光是一种主观的概念。

这张照片，大面积的色彩和景物细节因曝光过度而丢失，没有层次感

图 6-2　曝光过度

这张照片，从主体到背景都暗淡无光，把浅粉色花拍摄成深红色花，而没有体现影像影调、质感差。是一张曝光不足的失败照片

图 6-3　曝光不足

故意让主体曝光不足，而制造成一种特殊的剪影效果。在惊涛骇浪、翻滚白云的衬托下，展现了船工们力挽狂澜的场面。
陈复礼/摄　《搏斗》

高调效果：故意让湖面曝光过度，而制造成一种新奇的视觉效果　　　陈复礼/摄

图 6-4　剪影效果和高调效果

6.1.3　估计曝光量

20 世纪 70 年代以前，我国摄影领域运用外置测光表来获取曝光量都很少，更谈不上用照相机和内置测光系统来获取曝光量，摄影师们只能靠经验估计曝光量。但是通过长期的实际体验和估计，他们累积了一整套针对不同照度、不同景物的较为准确的曝光组合。这些曝光组合对于当今并不要求有逼真的质感和亮度准确色彩的摄影人来说具有很高的实用价值。

（1）室外曝光量估计表

表 6-1　　　　　　　　　　　　室外曝光量估计　　　ISO100　1/R5 秒　8：00—16：00

光圈 \ 景物 \ 天气	湖、海、云、雪	山河风光 浅色建筑物	人物近景 一般建筑物	阴影中的人或物
强烈日光	F22	F16	F11	F8
薄云晴天	F16	F11	F8	F5.6
多云	F11	F8	F5.6	F4
阴天	F8	F5.6	F4	F2.8

（2）室内曝光量估计表

表 6-2　　　　　　　　　　　　室内自然光曝光估计　　　　　　　　ISO100　1/30 秒

距离、朝向　光圈　天气	人物面朝窗户 1 米左右	人物背朝窗户 1 米左右
晴	F4	F2

表 6-3　　　　　　　　　室内灯光曝光估计　ISO100　1/2 秒 正面受光，光距 2m

光源功率	25W	40W	100W	200W	500W	1000W
光圈	F1.4	F2	F2.8	F4	F5.6	F8

6.2　测　　光

让照相机自动曝光，在大多数场合虽然也能拍出照片，但是，想达到精确的曝光，我们还应该了解有关测光的知识，包括测光装置的工作性能和正确的使用方法。这些远非"瞄准了就拍"那样简单，否则即使使用最高级的相机，也未必能得到最理想的曝光。

现在用的照相机（包括传统和数码）绝大部分都有测光功能，所以这里仅对相机自带的测光功能加以介绍。

6.2.1　相机测光工作原理

要用好测光功能，就应该先了解测光的工作原理。光线照到物体上，然后反射到相机上，相机上的测光元件就会测出光线的强度，最后给出一组相应的快门和光圈组合值。如果按照这样的组合值进行曝光，照片出来的结果是测光对象在照片中的平均亮度刚好等于 18% 的灰。

6.2.2　测光显示种类

相机的曝光控制系统的特点是要根据测光的显示，用手动的方式调节曝光组合，以获得适合的曝光量。

曝光控制系统的测光显示主要有以下三种：

（1）标头追针显示方式

手动调节曝光组合光圈和快门速度，使追针与测光指针重合。

（2）定点重合显示方式

调节曝光组合光圈和快门速度，使指针定位在表示合适的曝光位置。

（3）LED（发光二极管）显示方式

一般是在取景器内的边线安置三个 LED，分别表示曝光正确、过度、不足。在拍摄时，通过调节光圈和快门速度，使曝光正确的 LED 点亮，就可保证正确曝光。

目前相机内测光显示多为 LED 方式，而它又有两种形式，中低档相机一般使用三个

LED 显示，高档相机则用多个 LED 显示（图 6-5）。

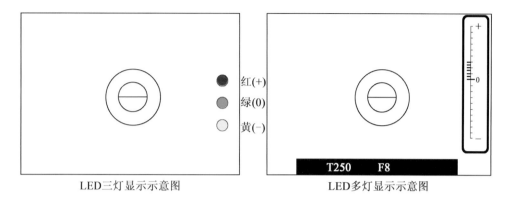

图 6-5　测光显示示意图

　　LED 三灯显示的操作方法是：将镜头对准被摄体，半按快门钮，如红（+）、黄（−）灯亮分别表示曝光过度、不足，调节光圈和快门速度，使绿灯亮，这样就可以保证曝光正确。

　　LED 多灯显示的操作方法是：将镜头对准被摄体，半按快门钮。如"0"至"+"号之间的灯亮表示曝光过度，"0"至"−"号之间的灯亮表示曝光不足，调节光圈和快门速度，使"0"至"+"和"0"至"−"之间的灯熄灭，这样就可以保证曝光正确。

6.2.3　测光模式

　　现代照相机根据测光元件对摄影范围内所测量的区域范围不同，设置了一种或多种测光模式，低档相机起码有一种测光模式，中高档相机有多种测光模式。测光模式如下：

　　(1) 偏重中央测光模式

　　这种模式的测光重点放在画面中央（约占画面的 60%），同时兼顾画面边缘，它是目前单镜头反光照相机主要的测光模式。海鸥 2000A 相机就是此类测光模式。

　　偏重中央测光模式适用于画面光强差别不大的情况，若遇到主体的背景有大面积过亮或者过暗的情况时，应使用"近测法"进行测光，即将镜头靠拢被摄主体，尽量使其充满画面进行测光，调整好正确的曝光组合后，回到拍摄点，再进行对焦拍摄即可。

　　(2) 点测光模式

　　相机仅对 4mm 直径圈（约占画面的 1.5%）进行测光。点测光不受画面其他景物亮度的影响，只要将测光区域对准景物就能获取正确曝光的数据。它的优点是在拍摄者远离被摄体的情况下，也能准确地选择局部测光。一些高档的照相机才有点测光功能。

　　(3) 3D 彩色矩阵测光模式

　　此测光模式又称"多区综合测光"模式，是一种高级的测光系统。如尼康 F5 和尼康 D3 相机的测光系统采用五个测光元件，分布在画面不同区域，根据亮度的分布、色彩、距离等进行测光，然后经过电脑运算，得出准确的自动曝光数据，它是一种智能化的测光系统，在大多数情况下推荐使用此模式。

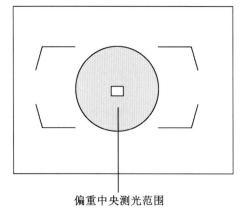

偏重中央测光范围

图 6-6　偏重中央测光范围示意图

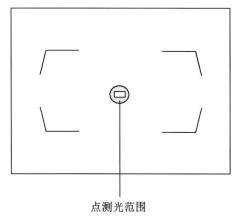

点测光范围

图 6-7 点测光范围示意图

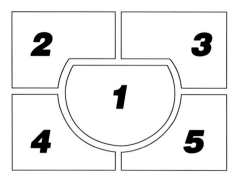

图 6-8　3D 彩色矩阵测光模式示意图

6.2.4 测光方法

现代照相机一般来说都有内测光系统，它给予了拍摄者参考或准确的曝光数据，但是不要以为有测光系统，就能拍出曝光正确的画面，如果运用不当，也会使拍摄失败。下面举例说明正确的测光方法。

（1）明暗比重相差不大的景物的测光方法

对于明暗比重相差不大的景物，测光就比较容易。可在拍摄点直接用"偏重中央测光模式"对其测光，并按照测光的结果曝光。

图 6-9　用偏重中央测光模式拍摄的图片

（2）亮调子和暗调子的景物的测光方法

所谓亮调子是指被摄体整个画面基本上都属于白色状，如白色建筑、雪景、樱花等景物。拍摄时，可用偏重中央测光系统，但要在测光数据的基础上增加 1~2 级曝光量。否则，景物会发灰（图 6-10 上）。

暗调子是指被摄体的整个画面基本上都属于深色状，如煤炭、深绿色丛林等。拍摄时，也可采用偏重中央测光系统，但要在测光数据的基础上适当减少 1 级或半级曝光量；否则，景物会失去应有的深色度（图 6-10 下）。

（3）点测光和近测法的运用

为了获取合适的曝光数据，一般应从画面中找准最重要的主体区域，并用点测光框直接对准其主体区域进行测光，得出曝光数据拍摄即可。如图 6-11。

在主体与背景或前景明暗反差较大的情况下，如果你的照相机没有点测光功能，只有偏重中央测光功能时，就必须用近测法的测光方法使主体得到正确的曝光数据。如图 6-12 步骤：

① 靠近被摄主体测量其局部亮度。

② 近测时，将准备拍摄的"局部"应尽量布满镜头画面。

③ 半按快门钮，得出光圈、快门速度的曝光数据。并按照此数据将光圈、快门速度调整到位。

人眼看白色是白的

测光系统看白色是18%的灰

人眼看黑体是黑的

测光系统看黑体18%是灰的

图 6-10 "白加黑减" 示意图

　　④回到拍摄点进行拍摄即可（这时，曝光读数又会发生变化，但它已无关紧要）。

　　近测法应注意以下两点：一是测光时镜头不要靠主体局部太近，以防止镜头前端或拍摄者在测光部位投下阴影，否则均会影响测光读数的准确性。二是在测光条件下，可分别测出亮部和暗部的亮度，然后取其平均值作为曝光依据。

6.3　用　　光

　　我们已经知道，摄影不能没有光，无光就谈不上曝光。光不仅能使胶片感光，而且不同的光位、光质、光比能使被摄体展现不同的形状、影调、色彩、空间感和美感、真实

用点测光拍摄，曝光正确　　　　　　　　　没用点测光拍摄，曝光正确

图 6-11　点测光拍摄示意图

错误的测光方法　　　　　　　　　　　正确的测光方式（近测法）

近测时尽量将主体布满画面　　　　　　测光后回到原拍摄点进行拍摄

图 6-12　"近测法"示意图

感。理解和掌握好光位是摄影用光、达到良好效果的关键。光位主要有正面光（顺光）、侧光、逆光、顶光与脚光等五种。本节我们以自然光源来解读不同的光位。

6.3.1　自然光光源的照明时刻

自然光光源主要是太阳光。它分直射光和散射光两类。直射光是指太阳直接照射到被摄体上的光线，光较强，明暗反差较大；散射光是指太阳透过云层而照射在被摄体上的光线，如阴天、薄云遮日、雨天等。这种光比较柔和，无明显反差和投影。

在用自然光摄影时，一般要注意将一天的自然光分为四个照明时段（图6-13）。

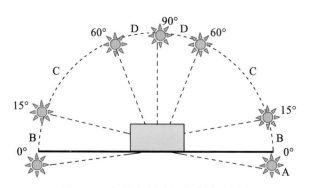

图 6-13　自然光光源照明时刻示意图

无光照明时刻，是指黎明日出之前和黄昏日落后这段时间（A区），地面景物无直照阳光，而是由天空光照明。这种光线不强，不太适合拍摄人像、风光等照片。但可利用天空和地面的强烈反差来拍摄剪影，也可直接拍摄天空中的彩霞。黄昏也是拍摄夜景非常好的时机。利用天空光勾画出地面景物的轮廓，再结合景物的灯光拍摄出的夜景，画面和内容气氛更加真实、丰富。

太阳刚刚从地平线升起或太阳缓缓下落至地平线，即太阳在15°角以下时，我们称太阳初升或太阳将落时刻（B区）。这时的光线非常柔和，有明显的空气透视现象。这种光线既可拍摄地面景物也可拍摄日出日落。如拍摄地面景物，由于照射角度小，使被摄体形成较长的投影，适合表达情绪和气氛。如拍天空的太阳，可将地面景物处理成剪影或者半剪影，造成环境辉煌的画面效果，给人以朝气蓬勃的感觉。

太阳在15°~60°角时，我们称为正常光照明时刻。测试的太阳入射角度适中，景物水平面和垂直面都能感受到光线，所以，此时拍摄的主体清晰明亮、层次丰富、极利于表现景物的主体、空间和质感，并赋予主体层次丰富、线条刚劲的效果。

太阳在60°~90°角时，即中午的太阳光线，我们称为顶光时刻。由于光线垂直向下，显现景物光照明暗反差极大的景象。一般情况下，顶光不宜拍摄景物，因为反差较大，空气透视效果差，层次不丰富，但可以用来实现刻画人物的刚毅性格的效果。

6.3.2　光位

光位是指拍摄时光线照射于被摄体的方向与角度，同一景物在不同光位照射下所产生的效果是不同的。光位主要有正面光、侧光、逆光、顶光与脚光五种。

（1）正面光

正面光，也称顺光，是指光源正对着被摄体射来的光线。在正面光的照射下，被摄体正面均匀受光，投影落在背后。

正面光的特点是光线平、淡，影调层次也不够丰富，明暗反差小，不易表达主体感、空间感和质感。但在摄影实验中，常遇到正面光，而又非拍不可，在这种情况下，我们可用以下手段来弥补正面光的不足：

第一，安排被摄体置于有与其对比强烈色光的前景与背景之中，使被摄体和前景、背景分开；

第二，安排被摄体本身的色调时，应使其有强烈的对比；

第三，利用主体本身的线条，加强画面空间透视感。

利用正面光拍摄景物虽然有诸多不足，但在拍摄人像时，可达到人脸皮肤柔化、减轻皱纹的效果。

图 6-14 正面光拍摄

（2）侧光

侧光是指光源从被摄体的右侧或者左侧射来的光线，侧光又分前侧光（45°）、后侧光（90°）。

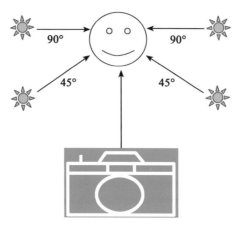

图 6-15　侧光光位示意图

1:4的光比

侧光拍摄风光照片，画面层次丰富，
立体感和空间感强

图 6-16　侧光拍摄的画面富有立体感

　　侧光是摄影中常用的一种光线，它比较符合人们提倡的视觉习惯。侧光的特点是有明显的影调、明暗对比，能很好地表现被摄体的立体感和质感，取得轮廓线条清晰、影调层次丰富、明暗反差和谐的效果。如果利用侧光拍人物，能较好地表现人物的外形特征和内心情绪。如果利用侧光拍风光，能使画面层次丰富，富有立体感和空间感。

　　利用侧光摄影应注意控制好光比，光比调整在1：2或者1：3为好，一般不要超过1：4。如果拍摄儿童少女、婚纱等，光比就在1：2范围内；如果要体现阳刚之气，沧桑之感，就用1：4或以上的光比，这样的光比能较好地表现人物的性格特征。

（3）逆光

逆光是指光源正对照相机镜头，从被摄体背面射来的光线。逆光包括正逆光（180°）和侧逆光（135°左右）。

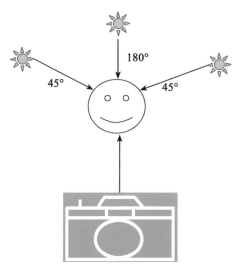

图 6-17　逆光光位示意图

逆光是所有光源中最具魅力、最有艺术表现力的一种造型光源。逆光的特点：有较强的表现力；可将被摄体勾画出明亮、清晰的轮廓线条；轮廓线将被摄体和背景分隔，更能突出主体、增强影调层次感、制造特殊的气氛。

图 6-18　逆光拍摄图片的效果

利用逆光拍摄人物、动物、雪景、沙漠、水面、风景等都能获得影调、层次、质感最完美的体现。

逆光比其他光源难以掌握，但在拍摄中，只要注意以下几点，就可获得满意的逆光效果：

① 要选择深色的背景。将主体置于深色背景前面，能加强主体的亮度，使其轮廓线更加亮丽。背景越深，这种效果越明显。深色背景可根据拍摄地点的环境来定，可以是树荫、背阴的山、建筑物的暗部等。但不可把天空做背景，否则主体轮廓线和天空叠在一起，逆光拍摄的特点将荡然无存。

② 以主体暗部的亮度来测光曝光。由于主体在逆光下大面积朝着照相机，处在阴影中，相对亮度较低，所以在测光曝光时一定要以人脸的亮度为准。一般用点测光方式或近测法来获取曝光数据，切不可直接在拍摄点采用偏重中央测光方式，否则达不到拍摄效果。

③ 可适当加用辅助光。由于逆光照射，人物的脸部相对较暗，这时加用辅助光，能使人物脸部质感得到较好的体现。辅助光可用反光板、闪光灯，如果条件受限制，也可用白纸、白布等代替。

④ 防止逆光下的直射光进入镜头。由于逆光正对着照相机镜头，光线很容易射入镜头内，造成光晕、灰雾，致使拍摄失败。解决方法：一是镜头前安装遮光罩；二是将机位抬高，用俯角拍摄；三是用被摄体本身来挡住直射光线。

（4）顶光

顶光是指光源来自被摄体的正上方，例如正午的阳光就是顶光。顶光会使人物脸部多处产生阴影，如眼睛、鼻下、下巴，所以通常不用顶光去拍摄人像。但有时为刻画人物的刚毅性格，是可以用顶光来实现的。

图 6-19　用顶光拍摄，脸部有阴影

（5）脚光

　　脚光是指光源来自被摄体的下方。自然光中没有脚光的光位，脚光只有在摄影棚中利用人工光源才可实现。脚光常用于反面人物，是实现丑化效果的灯光方向；脚光还常用于广告景物的拍摄。

图 6-20　用脚光拍摄服装

本章思考与练习

1. 曝光的含义是什么？
2. 如何理解正确曝光？正确曝光的标准有哪些？

3. 照相机中的测光工作原理是什么？

4. 测光的模式有哪几种？如何运用？

5. "白加黑减"是怎样运用的？

6. "近测法"如何运用？

7. 基本的光位有哪几种？各自有什么特点？

8. 对于不同类型的物体，如何做到正确用光？光比如何控制？

━◉ 第 7 章 ◉━

摄影的画面构图

实验六：摄影构图练习

实验目的：1. 学习摄影构图常识；
　　　　　　2. 掌握有关摄影构图的规律和注意事项；
　　　　　　3. 激发学生在摄影构图中的创新性和突破性。
实验内容：讲解摄影构图的基本规律、法则和注意事项。
　　　　　　让学生掌握如何在画面中突出主体，练习景别的运用，黄金分割法构图的运用及各种构图形式。
主要仪器：尼康 D80 数码相机　　　　45 台
教学方式：集中讲解和图片展示相结合；教师示范和学生动手操作相结合。
实验时数：2 学时。

　　衡量一幅摄影作品是否有艺术价值，既要看它是否表现出内容，也要看是否体现出与内容相一致的艺术效果。那么，拍摄者只有进行主体突出、建构分明、色调和谐的构图，使拍摄出的照片达到内容和形式的完美统一，才能使人们产生共鸣和遐想。

　　摄影构图就是在拍摄前使用取景器选择主要景物，确定画面的建构过程。

7.1　主　体　突　出

　　在摄影中，很多拍摄者，特别是初学摄影者，往往不懂得在一幅画面中应该突出什么，应该舍弃什么。拿起相机，就按快门，结果是积累了繁杂的景物不知其主体是什么。所以说，我们在拍摄任何一个景物的时候，事先要有思考，确认主体，也就是趣味中心，然后才可以有针对性地将主体加以突出。这样才能使摄影作品的主题思想得到集中体现，从而使观赏者通过对主体的观察和思考理解其内容来产生意境和联想，并从中受到感染和启发。为了掌握好主体突出的技术，这里介绍部分手段。

7.1.1　把拍摄主体放在前景位置上

　　将主体安排在距离相机较近的位置上，主体前方尽量不要放置繁杂的其他景物。由于主体突出，结像比例大，所以能够较好地突出主体。

图 7-1　把拍摄主体放在前景位置上

7.1.2　利用小景深

把主体安排在远离背景的地方，同时使用长焦距或大光圈或较短物距；也可并用三项，对焦在主体上，拍出来的效果是主体清晰、背景模糊，这样主体就突出了。

图 7-2　利用小景深突出主体　　杜建新/摄

7.1.3　利用强光束

在构图时，利用强光光线，将一束光直接照射到主体上，这样，造成主从明暗分明的效果，使主体鲜明突出。

图 7-3　利用强光束突出主体

7.1.4　通过汇聚线条

在摄影实践中，通常会遇到各种线条，如建筑的墙壁、天花板、地板的交汇线，公路、铁路的交汇线，夜间蒸汽的灯光，森林的树干，等等。线条的延伸会起到引导视线的作用，如果把拍摄主体安排在线条交汇的地方，主体很自然地就被突出了。

7.1.5　利用影调明暗的手法

在摄影时，往往把主体放在反差比较大的背景上，这样所表达的主体就会鲜明生动，有立体感。比如，将人物放置深色背景前面，能使人物和背景分离，达到突出主体的目的；将其放置亮色背景前，能使人物凸显或成剪影。拍摄中也常常将亮的景物放在暗的背景上，如烟火、月亮、火光等。

7.1.6　利用和谐的色彩

世界万物的色彩都是由红、橙、黄、绿、青、蓝、紫组成的。那么在拍摄中如何使主体通过和谐的色彩来突出呢？我们首先可通过"色轮图"的原理来了解什么是和谐的色彩。

利用色彩图中两个相对的颜色（互补色）就可组成和谐的色彩。即黄与蓝、红与青、品红与绿是和谐色彩。凡在色轮图中构成等边三角形的三个色也可组成和谐色彩。即红与

图 7-4　利用汇聚线突出主体

将主体放置深色背景前　　　　　　　　　将主体放置亮色背景前

图 7-5　利用影调明暗的手法突出主体

绿、蓝；黄与品红、青是和谐色彩，反之也成立。

　　因此，我们在摄影实践中，可根据"色轮图"的原理，选择和谐色彩的主体和陪体来进行搭配，这样就可以突出主体。

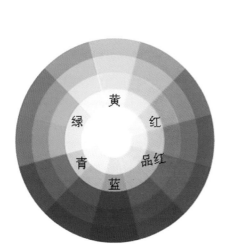

图 7-6　利用和谐的色彩突出主体

7.2　摄影角度与距离的构图形式

7.2.1　摄影角度

摄影中正确的角度选择，不仅对表现拍摄内容起到重要作用，对营造优美的构图也是非常重要的。摄影角度又分为横向角度和高低角度两种。拍摄的角度不同所产生的效果就不同。

（1）横向角度构图

横向角度包括正面、侧面、背面。

正面构图：线条结构对称、稳定，赋有庄重、威严之气氛。但缺少主题和透视感，比较呆板。

侧面构图：使景物产生立体感，能增强空间感和线条透视效果。这是最常用的一种构图角度。

背面构图：是一种为了内容的特殊需要让观众引起更多联想而采用的构图角度。我们要经过不断的实践，才能把握好背面构图这种形式。

（2）高低角度构图

高低角度包括平视、仰视、俯视。

平视构图：机位与被摄主体在同一水平线上，平视构图合乎人眼的视觉习惯，透视效果好，不易产生变形，但缺乏变化，不新颖。

仰视构图：机位低于被摄主体，镜头从下向上拍摄。仰视拍摄可使景物显得宏伟、高大，有利于夸张被摄体。如拍摄建筑物，有高耸入云之感；拍人物，有高昂向上的精神面貌。仰拍需要避免镜头过仰，因为会带来明显的变形。

图 7-7　正面构图

图 7-8　侧面构图

俯视构图：机位高于被摄主体，镜头从上向下拍摄。这种方法多用于场面大、景物全的场景，如交通枢纽、辽阔的大草原、层层起伏的梯田、灯火辉煌的不夜城等。

图 7-9　背面构图

图 7-10　平视构图

图 7-11　仰视拍摄，主体有高昂向上的精神面貌

图 7-12　俯拍使三峡大坝尽收眼底

7.2.2　摄影距离

在拍摄同一物体时，相机与被摄体距离的不同带来被摄体呈现在画面上的影像大小不

同，这种大小不同的影像就称为景别。景别又分为六种：特写、近景、大近景、中景、全景和远景。

　　我们只要仔细观察，其实任何景物都有景别的划分，如人物、动物、建筑、生物等，都有其顶部、中间部、低部和细节部。如从人物来划分景别（这种划分也适用于其他景物），见图 7-13。

　　在实际运用当中，改变拍摄距离与改变镜头焦距是类同的，两者都能实现不同景别的取舍。但更重要的是不同的景别具有不同表现力，要根据表现意图去选择景别。

　　远景——具有广阔的视野，表现景物气势和整体结构，对景物的细节不作深度的描述。远景主要用于开阔的自然风景、群众场面等。

　　全景——用来表现场景的全貌或人物的全身，表达人与环境之间的关系。

　　中景——是画框下边卡在膝盖左右部位或场景局部的景别。中景相对于全景来说，体现的景物范围比较少，重点表现人物的上身，以情节取胜。

　　近景——是画框下边卡在人物胸部左右或场景局部的一种景别。近景能清楚地看清人物细微部分，能表现出人物的面部表情，传达人物的内心情绪。

　　特写——是画面的下边框卡在人物肩部以上的景别，也可是双眼、手指、嘴唇等。特写是被摄人物或景物的某一局部，它比近景的刻画更细腻，有一种特殊的视觉感受。主要用来描绘人物的内心活动，达到传神、传质的目的。

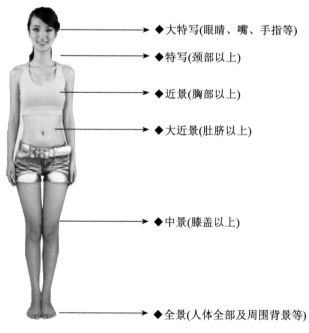

◆大特写(眼睛、嘴、手指等)

◆特写(颈部以上)

◆近景(胸部以上)

◆大近景(肚脐以上)

◆中景(膝盖以上)

◆全景(人体全部及周围背景等)

图 7-13　景别示意图

7.3　黄金分割法和线性构图

7.3.1　黄金分割法

黄金分割法构图也称九宫格构图（也有称井字构图），是将画面平均分成九块，四条线称黄金分割线，四条线的交叉点称黄金分割点，这四条线和四个点被认为是视觉重要位置，也即趣味部位和中心，将主体安排在这些线和点上面，是最佳的位置，也最能吸引观众的视线。这种构图能呈现变化和动感，画面富有活力。如拍摄风景时将地平线安排于画面中央会显得呆板，但将其安排在上下两条分割线的任何一条上，景物就变得富有变化和生机；拍人物时将其安排在两条垂直分割线上的任何一条位置上，人物将生动而富有活力。四个黄金分割点也是这样，将主体最重要部位或者占画面较小位置的景物或人物放在黄金分割点上，往往能提高视觉感应，但要注意视觉平衡的问题。

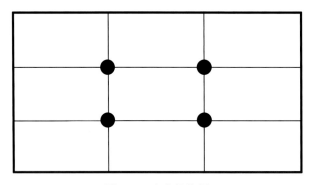

图 7-14　九宫格构图

"线"上风景

图 7-15　黄金分割法构图 1

"线"上人物　　　　　　　　　　"点"上景物

主体在点上

主体在点上

图 7-16　黄金分割法构图 2

7.3.2 线性构图

线性也是摄影中最常用的手段之一。它是构图的基本视觉元素，同时它可分割画面、产生节奏。这里着重介绍对角线和曲线，因为它们是线性构图中最能产生形式美的两种线性构图方法。

（1）对角线构图

对角线构图是很重要的一种构图形式，也是构成可视形象的一项基本元素。它能使画面产生极强的动感，表现出纵深感，引导人们的视线到画面的深处。构图时，可将主体从左下角延伸到右上角，也可将主体从右下角延伸到左上角。初学者可选择线条明显的景物进行练习，如公路、河流、桥梁等都具有明显的线条。

图 7-17　对角线构图

（2）曲线构图

曲线象征着柔美、浪漫、优雅，它给人们一种非常美的感觉。在摄影中曲线的应用比较广泛。如人体摄影，呈现的是人体曲线美；那些波浪式行进、螺旋式旋转的曲线，不但能增加画面的纵深感，而且流畅活泼、富有动态感。

图 7-18　曲线构图

本章思考与练习

　　1. 在摄影时如何突出主体？有哪些手段？

　　2. 在构图时，摄影角度与距离的不同会带来不同的画面效果，你是如何选择角度和距离的？

　　3. 什么是黄金分割法构图？举例说明你是如何运用的？

　　4. 何为线性构图？

　　5. 什么是对角线构图？

　　6. 画面均衡的含义是什么？

·◉· 第8章 ·◉·
摄影的技法

实验七　摄影技法练习

实验目的：1. 学习常见的实景物拍摄；
　　　　　　2. 掌握其拍摄技巧；
　　　　　　3. 通过这一练习，逐步提高摄影技术水平。
实验内容：讲解各种实景物的拍摄方法与注意事项。
主要仪器：尼康 D80 数码相机。
教学方式：集中讲解、图片展示和实地实景拍摄相结合；教师示范和学生动手操作相结合。
教学时数：2 学时。

8.1　集体合影的拍摄

很多拍摄者对于"集体合影"不屑一顾，其实不然，拍摄集体合影是一个很严谨的问题，如何才能拍好，有着很多学问。本节仅对几十上百人以上的大合影进行讲解。人数多、场景大、组织难、时间紧是"集体合影"拍摄的特点，画面质量高、拍摄者责任大，做到拍摄万无一失是对摄影者的要求。

图 8-1　集体合影照

8.1.1　摄影器材的选择

（1）相机的选择

我们知道，"集体合影"洗印出来的照片比一般照片要大些，这样才能看清每个人的脸部。50 人以上的合影，一般要放大到 10 甚至 12 英寸以上的照片比较合适。当然越放大人物的图像就越大，但这并不意味着图像清晰。所以在选择相机时，一定要尽可能地选择高质量的镜头和大尺寸感光材料的相机。一般 50 人以上、200 人以内可选择 120 型相机（如哈苏 6mm＊6mm 等），拍摄的图像放大到 24 寸效果都比较理想；拍摄 250～400 人的大合影可选择霍士曼底片为 6mm＊12mm 的宽幅相机，照片放大到 24 寸至 2 米时效果都很好。

有人会问，135 型相机（包括数码相机）能否拍集体合影照？回答是肯定的，但拍摄人数和放大的尺寸将受到限制。一般情况下，像素在 1000 万以上的 135 型数码单反相机，可拍摄 100 人以下的合影，照片放大到 12～16 寸比较合适。但应注意的是"影像品质"和"影像尺寸"都应调到最大，即：RAW 品质+大尺寸。

（2）镜头的选择

关于这一问题，有很多人会不假思索地说当然选用广角镜头，还有的人说可选用中长焦镜头。其实这两种选择都是错误的。因为广角镜头会使人物变形，中长焦镜头视角小、景深小。最好的选择应是标准镜头，或者是 120 型相机 75mm 左右的镜头。因为标准镜头质量好，其视角和透视基本与人眼看实物一致，无变形。集体合影不是艺术照，不需要任何夸张或缩小。

（3）必备的三脚架

很多拍摄者在拍摄集体合影时很随意，端起相机就拍，结果往往造成不良画面效果。三脚架是集体合影不可缺少的器材，因为很多时候由于天气照度较低的缘故，致使快门速度较低（1/30 秒甚至更低），在如此低快门速度下，手持照相机拍摄容易造成相机本身的晃动，从而导致画面模糊，利用三脚架来稳固相机则可避免机身的晃动。

8.1.2　队形的排列

首先要选择有楼梯、台阶的地方，最好是有自然阶梯。这样可让拍摄对象多站几排，以缩短排面的宽度，使人物在画面中成像大一些。

如果上下台阶之间的高度距离很短，也会造成前排人物将后排人物的脸部挡住的现象，这时就应该将排与排之间的人物错开来站位，也就是我们常说的"交叉站"，如此后排人物的脸部就能清楚地呈现在镜头中。

8.1.3　拍摄技巧

（1）光线选择

拍摄集体合影照以柔和的自然光为好，如薄云遮日、阴天都是最佳光线，这种光线使每个人脸上都能受到同等光照度。应尽量避免直射阳光和逆光，直射阳光会使人眯眼，逆光会使主体曝光不足或背景灰暗。拍摄时间应选在上午 10 点至下午 4 点这个时段。不要在树荫下拍摄集体合影，以防产生花脸。

（2）光圈和快门的选择

拍摄集体合影，首先要以手动模式来调节光圈和设定快门，因被拍摄对象纵深大（有的还要将远处背景拍清晰），应该获取较大的景深，所以光圈起码设定在 F8 甚至更小（F11、F16 都可以）。最后设定快门速度，快门速度随光圈的设定而设定，使曝光组合达到正确即可。快门速度最好不要低于 1/30 秒，这样可以避免被拍摄者在拍摄中突然晃动。当然，在光线较暗的情况下，为了保证有足够的景深，只能牺牲快门速度，但最好不要低于 1/15 秒。

（3）提醒被拍对象的注意力

由于被拍摄人数较多，大多数又在室外喧闹的环境中，难以使被拍摄人员个个注意力集中。所以在按动快门之前，可以通过举手示意和喊口令并用来提醒大家集中注意力，以避免出现闭眼或晃动。没有任何摄影师（哪怕是顶级摄影师）敢说"拍一张就走人"，原因还是在于被拍摄人数较多，在按下快门的一瞬间，难免有闭眼或晃动现象发生，往往是喊着口令拍摄，结果还是有闭眼的。所以拍完第一张后，起码还需拍摄两张，这样在后期制作时就有选择的余地。

总之，拍摄集体合影照时遵循以上规则，就能拍出满意的照片，否则，任何小小的差错和失误都会造成无法挽回的损失，因为大多数集体合影照是无法补拍的。

8.2 风 景 拍 摄

8.2.1 怎样理解风景摄影构图

在我们周围，美的视觉要素到处都有，占我们日常生活的比重很大，以至我们大多数人对它们熟视无睹。在风光摄影中，无论是平淡无奇还是雄伟壮丽，都包含着无限量的视觉美点。有时候它只存在片刻，稍纵即逝；有时候它藏在极普通的外表下，貌不惊人，难以辨认。事实上，这隐藏着的视觉美点才是真正神奇有趣的东西。从自然景观中发现具有美感的线条、色调、形状和质感，把它们纳入取景器中，以摄影家完全自我的方式加以处理，随后制成照片，让观众对这些视觉美点也能一目了然，这就是风光摄影构图的全部意义。

通过构图，摄影家澄清了他要表达的信息，把观众的注意力引向他发现的那些最重要、最有趣的要素。

8.2.2 风景摄影的空间划分

在正方形或长方形的取景器中，将自然景物合理地分布其间，这就是风光摄影的空间划分。自然的空间安排，其内容不外乎大地景物和天空之间、地面上的景物与景物之间的比例关系。比如，在画面布局上是天多地少，还是天少地多，应根据实际情况和个人主观来决定。一般性的空间划分规律是哪部分精彩，哪部分所占面积就应大些。

8.2.3 风景摄影主体的位置

风景摄影创作无论表现什么内容，什么对象，都有主次之分。主体是画面的重点，是

图 8-2　风景摄影的空间划分

主题思想的主要表现者。主体可以是一个，也可以是两个、三个或若干个。主体景物的地位在画面中也应优于其他景物，处于明显的地位。但主体并非都必须安排在画面中央，那样反而呆板，也不符合美学要求。人们常用的方法是利用黄金分割法，把主体摆在井字任何一个十字交叉点上。具体摆放位置，我们也要因景而异，因情而异，既要注意美学规律，也要敢于突破创新。

图 8-3　摄影的主体位置

8.2.4　风景摄影的景深

大多数风景摄影要求景深范围越大越好，如果有可能，最好让画面中的每一部分都清晰。

光圈越大，景深越短；光圈越小，景深越长。镜头的焦距越长，景深越短；焦距越短，景深越长。拍摄的距离越近，景深越短；距离越远，景深越长。综上所述，在拍摄自然风光时，为了最大限度地获得全景深，即照片的最大清晰度范围，最有效的方法是使用短焦距的镜头（广角镜头），采用小光圈（F11、F16、F22），拍摄较远距离的景物（大约两米以外）。以上三种方法同时使用，可确保照片的最大清晰范围。

图 8- 4　风景摄影的景深

8.2.5　利用侧光拍摄风景

侧光是拍摄风景时经常使用的光线之一。这种光线能很好地表现被拍摄景物的立体感、质感，光影结构鲜明、强烈。具体地讲，用点测光测得的数据和曝光补偿都要考虑进去。一般的规律是：侧光拍摄时，应以景物的高光部分进行点测光，并在此基础上增加半级曝光。

8.2.6　利用区域光拍摄风景

区域光是指景物的某一区域被光线照亮。

这种光线也称舞台光，因为舞台上是某一只射灯只随主角而运动照射，故得名。

在自然界中，特别是在多云的天气条件下，经常能遇到这种光线。由于云朵的阻挡，阳光不能普照大地，而被区域性地分割成一束束"舞台光"，并且随着云彩的不断运动，区域性的光线也会不断移动。

图 8-5　利用侧光拍风景

图 8-6　利用区域光拍风景

8.2.7　曝光是风景摄影的关键

　　曝光的掌握需要不断的经验积累，有些现成的规律也要熟记。例如：拍摄雪景要增加
1.5 级曝光；拍摄区域光照射的风景，按照高光区域测光后，减少 1 到半级曝光；如拍摄
逆光下的河流，对准河流中的高光区域测光后，减少 1 级曝光。

图 8-7　曝光是风景摄影的关键 1

图 8-8　曝光是风景摄影的关键 2

8.3　日出、日落和彩霞的拍摄

　　朝阳的壮观、落日的灿烂、彩霞的绚丽让无数摄影者一次又一次地端起相机、按下快门。原因只有一个，它们是宇宙间最美的画卷。

图 8-9　日出

图 8-10　彩霞

8.3.1　掌握日出、日落和彩霞的拍摄时机

（1）季节的把握

日出、日落一年四季都存在，但最佳的拍摄时机是春秋两季，原因一是春秋两季的日

出比较迟一些，这便于拍摄者有更多的时间准备；二是这两季的云霞比较丰富，有"彩霞满天"之情景，彩霞与日出、日落同辉的画面更加丰富多彩，富有变化，能给人们更多的美感。

（2）时段的把握

日出日落的持续时间很短，日出的最佳拍摄时段是在太阳露出地平线到太阳放射光芒之前，这段时间只有几分钟；日落的最佳拍摄时段是太阳的强烈光芒消失后到太阳完全下沉于地平线之前，这段时间有十分钟左右。忌讳在太阳还有强烈光芒时拍摄，因为镜头受到太阳光芒的照射，会使底片上产生光晕，影响拍摄效果。所以，无论是日出还是日落都应抓紧时间拍摄，尽量在这段较短的时间内多拍几张。

彩霞可使日出、日落增加更为动人的效果，若在拍摄日出、日落时遇到彩霞，一定不要放过这一大好时机。另外，彩霞本身也可以作为拍摄的题材。彩霞最绚丽的时候是太阳西下地平线后 15~25 分钟的这一时段。

8.3.2 器材的选择

首先，拍摄日出日落应以单镜头反光相机为宜，平视旁轴，"傻瓜"相机和普通家用相机由于一般不能更换镜头，因而不能拍出较好的日出、日落效果。

其次，根据构思，选择适当的镜头。以 135 型相机为例，用 50mm 标准镜头拍摄日出日落时，底片上的太阳直径约为 0.5mm；用 500mm 的长焦镜头拍摄时，底片上的太阳直径约为 5mm。因此想拍摄写意式的照片，当然是太阳在画面中所占的面积愈大愈好，既壮观又有气势，这就需要选用长焦镜头，即 200mm~500mm 的镜头；如想拍摄出日暮而归带有地面景物和人物的诗情画意照片，一般可使用标准镜头或中长焦距镜头。

再次，三脚架和遮光罩是拍摄日出日落和彩霞必不可少的。三脚架起稳固相机和长焦镜头的作用；镜头由于正对太阳，难免会产生眩光，戴上遮光罩有助于限制眩光的产生。

最后，为实现日出、日落、彩霞特有的暖色气氛，在胶卷片型（传统相机）或白平衡（数码相机）的选择上是与正常选择相反的。使用彩色片时，使用日光型片会使画面更红，使用数码相机，将白平衡调到"日光白平衡"，也能使画面日出日落彩霞的暖色效果更浓厚，这样正好符合我们想要的效果。

8.3.3 曝光

若想体现天空中日出日落和彩霞的绚丽美景，就以天空亮度曝光，测光时，最好以太阳旁边（不含太阳）的天空测光，如果画面包含有地面景物，这时的地面景物一定要处理成剪影的效果。

若想拍摄出既体现日出日落和彩霞，又有地面的景物和人物活动的照片，可以采取折中曝光的方法，适当照顾地面活动。

8.4　夜景的拍摄

在太阳从西方下沉地平线后到太阳又从东方升起之前，我们称之为夜间。在夜间这段时间所拍的景物，我们称夜景拍摄（也称夜景摄影）。夜间可供摄影的题材很多，例如：灯火辉煌的城市或街道、车辆穿梭的交通要道、建筑物上的彩灯、炼钢高炉、水上码头、节日的焰火、月光星光及闪电等等。夜景内容极其丰富，绚丽多彩，拍出的照片别有一番情趣。

首先，我们先谈谈拍摄主体为静态景观或物体的夜间摄影。

我们都知道，低感光度适用于光线强的时候，如果光线弱了，就要用高感光度，防止快门速度太慢而抖动而模糊，那么夜间摄影是不是要用高感光度呢？一般而言，感光度设置得高，其成像的颗粒（噪点）较粗、反差较低、色彩较不饱和、解像力较差，因此影像品质不佳。所以，当主体是静态，可以用长时间曝光时，应该尽量使用低的感光度，以便得到细腻的成像、更饱和的色彩。在微弱光源下拍摄静态景物，数码相机的感光度越低越好。

8.4.1 夜间摄影的特点

我们必须先了解夜间摄影有什么独特处与优点，在拍照时才能利用其特点来营造与众不同的作品。

白天由于雾气或车辆排放废气导致空气污染，甚或夏日空气受热扰动的结果，对于距离稍微远一点的景物，常常觉得有些模糊，好似披上一层白纱一般，尤其身处于大都市更是如此。夜间空气污染所造成的效应较低，影响较小，可被忽略。

图 8-11　夜间拍摄（《武大樱花》Nikon D3 ISO200　F16　1/25 秒）

白天拍照常受天气影响，在阴雨的日子里拍照常需考虑许多问题，如色温、反差等；而夜间摄影并不受阴天影响，雨天则更是拍照的好时机。因此不论何时何地，只要有心情、不懒惰，都可以拍摄。

由于长时间曝光的关系，在曝光期间我们更可从容不迫地对照片动许多手脚，如局部加减光、闪光灯补光等，甚至主动地利用光源营造画面，因此，创作的空间更广大。

由于晚上景物之背景或不受光处较为黑暗或全黑，不论在拍照时使用重复曝光装置，或在后期用软件合成，都将更为容易。

由于必须使用三脚架，不像白天偷懒不用，因此照片往往较少有抖动模糊的问题。

8.4.2 器材的选择

相机：不论数码单反或者小型数码相机，最好都应该有手动曝光方式，否则在拍摄时会有极大的限制。测光方式最好有局部或点测光模式。要注意的是，数码相机在进行长时间曝光时，相机的耗电量是比较大的，不像以前的机械快门相机那样除测光外并不耗用任何电能，因此电子相机在长时间曝光时，需额外准备电池。

镜头：各型焦距镜头皆可能使用到，变焦镜头可产生特殊效果。另外，当迎面有灯光时，对镜头镀膜的要求比较高，低档镜头容易出现眩光或因镜筒内壁的消光不好而导致画面模糊。

三脚架：这当然是必备物品，而且理论上是愈重愈好。不要小看晚上的风，太轻的三脚架在曝光时间较长时，还会受到空中飞的笨蛾"误撞"或地上爬的小甲虫"误击"而产生轻微的抖动。至于该带多重的脚架，请依自己的体力与天气状况来衡量。

手动对焦功能：如果相机允许，夜间摄影最好使用手动对焦模式，那么具有微棱环或裂像装置的手动对焦屏很有帮助，否则很难精确对焦。不过夜间摄影常用小光圈以获取大景深，只要主体落入景深范围即可。

遮光罩：在不遮住画面的原则下，遮光罩越长越好。夜间由于周围常有许多光源，使用遮光罩可减轻光线经过镜头折射后在画面上所产生的碍眼光斑。

其他所需配件还有小手电筒、清洁用具、防雾用品等，完全视需要与否而携带，如果有的话备用电池、存储卡、数码伴侣之类则多多益善。

8.4.3 夜景拍摄的曝光

在实际拍摄当中，我们发现夜间摄影的曝光相对白天摄影的曝光复杂一些。初学者往往在曝光这一环节上没有掌握好而导致夜景拍摄失败。那么，究竟怎样使夜景拍摄达到正确曝光呢？其实，夜景拍摄一般采用的是"一次曝光"或"多重曝光"两种方法。

（1）一次曝光

如拍摄距机位比较近，而且景物环境又很明亮的被摄夜景，如街道两旁的荧光灯、商店内外通明的灯光、五彩缤纷的广告橱窗等，都可采用较慢快门速度一次曝光完成。用 ISO200、1/30 秒，F2.8 或 F4 曝光一般就可以了。如果架上三脚架，可使光圈缩小，景深拉大。

（2）多重曝光

在一张照片上进行两次以上的曝光叫多重曝光。目前也有很多单反光数码相机可在单张照片中进行多重曝光，最多可在单张照片中曝光 10 次。

相机上多重曝光功能的操作依相机的不同而有所不同，这里就不一一介绍，只要阅读一下相机的说明书即可掌握。

图 8-12　夜间一次曝光《清明上河图》

　　那么，什么情况下使用多重曝光呢？一是要将两处以上不同夜间景物放到一张照片中时。二是拍摄大场面夜景时。此时被拍摄景物距相机很远，景深远、光线暗，多重曝光既能展现景点的轮廓，又能反映出景物的夜间色调。

　　将两处不同夜间景物放到一张照片中拍摄如图 8-13。

图 8-13　夜间两次曝光

　　在实景中，白塔和布达拉宫实际不在同一方位，为了拍出新颖的效果，使用了两次曝光。第一次对准布达拉宫曝光拍摄一次；第二次调转机头向布达拉宫左侧的白塔曝光一次。如此，两张合一，就构成了这张较为新颖的布达拉宫夜景。利用多重曝光功能关键要注意两点：一是合理分布整个画面，第一次曝光的景物和第二次曝光的景物的位置要安排好，尽量不要重叠。二是曝光要准确，由于布达拉宫和白塔的夜景亮度基本一致，所以在曝光参数上面，没有作调整，两次曝光都是用的光圈 F4、快门 1/10 秒、ISO400。如果景物的亮度差较大，就应该重新调整曝光参数。

展现景点的轮廓，又能反映出景物的夜间色调的拍摄步骤：

图 8-14　夜间三次曝光

第一，把照相机固定在三脚架上，取景构图。第二，在黄昏的时候按正常曝光量的 1/3 左右进行一次曝光，这样可拍出景物的轮廓。第三，等天完全黑下来后，再根据画面中景物的亮度，分别依次进行曝光，这样拍的天空、远近景物、灯光等都可体现出来。

8.4.4　夜间拍摄注意事项

拍摄夜景，难度较大，初学者需经常实践，不断摸索经验，开始尝试时可进行依次曝光的练习，以后逐步增加曝光次数，这样才能完全掌握夜间摄影的多次曝光方法。

由于夜间摄影因拍摄距离的不同，景物明暗亮度的差异（即光线有强有弱），无法用测光的方法提供曝光数据。一般靠拍摄经验来确定曝光组合，初学者可用多种快门速度多拍几张，如可用 1 秒、1/3 秒、1/6 秒、1/12 秒等多种速度曝光，从中选出最佳的一张。

另外，光圈的大小可使夜间光源产生光晕和光芒两种效果，可根据需要自由选择。光圈越大所产生的光晕效果越明显，光圈越小所带来的光芒效果越明显。

8.5 动 体 摄 影

动体是指行动的对象。动体摄影的题材繁多，如体育竞赛、舞台表演、飞行物、自然界的瀑布等。所谓动体摄影，其目的就是要突出动感，表现的手段和拍摄技巧也很多，可根据自己所需的画面效果来准确把握。

8.5.1 使动体影像清晰，可用高速快门"凝固"主体

这样的拍摄虽然是将动体的影像"凝固"，但它给观众的视觉感受是寓动感于静态之中，具有强烈的震撼力。体操运动员空中姿态、跨栏运动员的越栏瞬间、舞台演员的优美造型等，虽然是一刹那间的清晰静止形象，但可生动地呈现出动体的动感特征。拍摄凝固动体的关键，取决于所用的快门速度，只有足够快的快门速度，才能将动态凝固成静态。另外，快门速度的选择，是根据动体运动的速度、距离、角度和镜头焦距来确定的。若能掌握下列规律，拍摄成功率比较大：

① 动作越快，快门速度就要越高。如奔跑的人比步行的快，行驶的汽车比奔跑的人快，等等。

图 8-15 高速快门"凝固"主体。贾连城/摄 F4 1/800 秒

② 动作横穿镜头，快门要快；动体对着镜头而来，快门可稍慢。
③ 动体的距离与照相机越近，快门要快；反之，距离越远，快门速度可稍慢。

④ 以 0°~90°夹角来考虑，动体与相机的夹角越大，快门要快；反之，夹角越小，快门速度可稍慢。

⑤ 镜头焦距越长，快门速度要快，焦距每长一倍，快门速度也要提高一档。

8.5.2 使动体影像模糊或部分模糊，可用较慢快门速度

这种用慢速快门拍摄的动体，往往可以产生强烈的动感。慢速快门是指快门速度在 1/30 秒以下至 B 门和 T 门这段速度范围，用慢速快门拍摄动体时，由于快门速度慢，快速的动体影像会在感光片或 CCD 上移动，形成虚影，这种虚影在画面上就带来强烈的动态效果。如在风光摄影中，拍摄流淌的小溪或飞流直下的瀑布，用高速快门能凝固住流水，但也失去了水流的动势。若采用慢门速度拍摄，流水旁的其他景物十分清晰，而流水却是虚影模糊一片，静态景物和虚影的水流形成鲜明的对比，这就充分表现了流水的动态。

图 8-16　用较慢快门速度产生动感

要拍摄好此类照片，一定要注意以下事项：

首先，由于快门速度一般都设置得很慢，所以拍摄时，照相机一定要固定在三脚架上。

其次，画面中除了主体的虚影模糊，一定还需将其他清晰静止的景物作为衬托。如果整个画面只拍摄了动体的一片模糊，观者还以为你将照片拍失败了。

最后，快门速度的选择，一般在 1/30 秒以下，可根据动体速度的快慢，适当调整快门速度，而快门速度越慢，动体的动感就越强。在没有把握的情况下，可用不同快门速度多拍几张，如选用 1/25 秒、1/15 秒、1/8 秒等。

8.5.3 追随法拍摄

追随法拍摄的题材很多，如行进中的短跑运动员、奔驰的汽车和骑手等。追随拍摄的特点是，照相机随着动体的运动方向而转动相机，在追随中按下快门。其画面效果是，动体清晰，而背景和前景形成横线虚影状，模糊的背景和前景能衬托出速度感，同时也使清晰的动体更为突出，气氛强烈，给观者以飞速之感。

图 8-17　追随法　　贾连城/摄

追随拍摄有几种形式，如：平行追随、纵向追随、弧形追随、圆形追随、斜向追随、变焦追随，在实际运用中可视当时情况而定。

这里着重介绍平行追随拍摄的要领：

① 平行追随法是拍摄平行于相机并从相机左边或右边横穿镜头的运动体。因此首先要选择好拍摄点。

② 根据被摄动体到相机的距离，调好焦距，确定好构图范围，一般情况动体的前方

空余部分比动体的后方空余部分要多些。

③ 预选拍摄角度和聚焦点。拍摄角度应在 75°~90°角（相机的正前方）为宜。由于动体是在急速行进当中，实时聚焦有一定难度，所以事先可根据动体大致要经过的地点预选对其地面手动聚焦，这样比较稳妥。

④ 为使主次分明，应选择深色的背景，比如人群、树林、深色建筑物等，这样画面对比强烈而有动感。

⑤ 快门速度的选择应根据动体的移动速度和拍摄距离以及拍摄者所要追求的效果而定，一般应在 1/15 秒至 1/60 秒之间，最快不要超过 1/125 秒。快门速度过高，动感不强，快门速度太慢，主体容易模糊。

⑥拍摄时，应把稳相机，从取景器中跟随动体位置，相应转动相机，转动中保持动体在取景器中的位置不变，直到动体行进 75°~90°角（事先预选的角度和聚焦点）时按下快门，这里要特别注意的是，按下快门时，相机不能马上停止跟随动体，应继续转动一小角度。

8.6　舞　台　摄　影

舞台摄影是摄影者喜爱的一项摄影活动，丰富多彩的舞台彩灯、多种多样的内容和形式、演员们的动人表演和优美造型，无不使摄影者们受到深深感染。在欣赏演出的同时，用手中的相机将一幕幕美妙的瞬间抓拍下来，既是一种完美的艺术享受，又是一种永恒的记忆。

舞台摄影一般有两种拍摄方法。一种是非正式演出的排演，这是剧组与摄影者有协议而专门安排的舞台拍摄，此种方法可以根据摄影要求随意调整拍摄机位、角度和光线的强弱，也可抽出某一段，某一特殊情节、造型等进行拍摄，所以摄影者在整个拍摄中可从容进行。另一种是在正式演出中进行抓拍，这是多数摄影者进行舞台摄影的一种方法，对于摄影者要拍摄的一瞬间，只有一次机会，无反复重来的可能。在拍摄动作幅度大的舞台摄影时，一定要预先对焦或者确定大致的焦点，然后半按快门，留有提前量，不然很难抓拍到动作的高潮，甚至常常会出现你打算拍摄正面最后却拍摄到背面的尴尬情况。如此看来，后一种方法的拍摄难度要大一些。但无论是哪种拍摄方法，它们都存在需要解决的共性问题及需要掌握的技巧问题。

8.6.1　摄影前应了解剧情

对于舞台摄影来说，不论是拍摄专门组织的排演或演出前的抓拍，预先了解剧情是非常重要的环节。在拍摄前，应先了解剧情，掌握情节的进展，熟悉重点内容，及剧中舞台布景，灯光照明，主要人物的性格、特征等。拍摄者可多看几次演出或者排练，这样能使拍摄者心中有数：一是能决定拍哪些情节场面；二是确定拍摄的位置和角度；三是有针对性地选择拍摄技术数据和参数（如快门、光圈、感光度、色温及镜头焦距）。

图 8-18 舞台摄影

8.6.2 器材的选择

（1）镜头与拍摄位置的选择

　　舞台摄影最适当的位置应是距台口十米左右靠中的地方，因为此位置可以兼顾使用不同焦距的镜头，不同大小的景别（除大场景外）。若要拍摄富有情节化的全景或中景场面，可使用标准镜头；若想拍摄主要演员的舞蹈、独唱、独奏的全景可换上 135mm 镜头，中景则用 200mm 镜头。若要拍摄大场景，可用 35～50mm 镜头到剧场最后一排中间位置拍摄，如果剧场有二楼，可到剧场楼上第一排中间位置拍摄。

（2）感光度、快门速度及色温的选择

舞台演出的照明一般情况下都较弱，为使快门速度提高，在低照度下抓拍动体的需要，应尽量选用高感光度，如 ISO400~ISO800 的感光度。

另外，舞台的照明等很多属低色温，即使是冷光源的高色温照明灯，在灯前加上不同颜色的色纸时，整个舞台场景仍然处于低色温状态下。所以舞台摄影通常应用灯光型胶片，如果只有日光型胶片的情况下，则应该在镜头前装上蓝色的雷登 80A 滤镜；如果用数码相机拍摄，则应将白平衡调到相应的低色温。如此拍摄出来的舞台照片才能达到色彩的正常还原。

（3）测光的应用

舞台的灯光非常不均匀，一般说来，中间亮，四周较暗。由于演员所处的舞台位置不同，所受光的程度也不同，所以在测光时，如果是以主要的单个演员为主，则用点测光方式；如果是以整个舞台的台面为主，则用平均测光方式。在拍摄时，一般把光圈固定在最大一级上，如 F2.8 即可，再按演员活动的位置和照度以及动势程度，灵活调整快门速度。

8.6.3　注意事项

一是携带一只轻便的独脚架，它将给你带来拍摄的方便；二是若要经常变换拍摄位置时，最好是在两个节目的间隙中进行，避免影响观众的观看；三是舞台摄影最好不要使用闪光灯，因为闪光灯的亮度一般比舞台灯光要亮，它会将现场灯光营造的气氛淹没掉，再者闪光灯的闪光会影响观众的情绪和演员的表演。

8.7　户外人像拍摄

户外人像摄影也是广大摄影爱好者喜爱的一种拍摄题材，形式也多种多样，如同学、情侣、家人外出旅游，风景、名胜古迹留影；也可是特意安排的肖像拍摄。要想获得富有韵味，神形兼备的户外人像佳作，拍摄应从以下几方面着重把握：

8.7.1　选择合适的地点拍摄

（1）旅游纪念照人像拍摄

很多拍摄者总把握不好主体人物的放置方位，常犯的错误是把人物拍得很小，甚至辨认不出主体人物是谁。所以在拍摄主体人物置身于名胜古迹或风景之中类似照片时，应尽量将主体人物靠近相机，将其放在画面的左侧或右侧，这样，既能突出主体人物，也不会遮挡主体身后的景物。

图 8-19　旅游纪念照人像

（2）户外肖像拍摄的场地选择

这种拍摄，往往存在于现实生活中，是业余拍摄者有意识地想要跟某人拍一张或一组户外肖像。肖像，顾名思义，就是要尽量在整个画面中体现人物形象，而与旅游留念人物照有所不同，不需要去选择特定的建筑或风景。所以拍摄户外肖像所选择的地点位置相对较多，如一小点灌木丛，一小块草坪，一小堆假石山等都是理想的选择地。

图 8-20　户外肖像摄影

（3）户外人像拍摄前景和背景的把握

无论是旅游纪念照，还是肖像照，前景和背景应当尽量紧凑，集中，不要留有多余的空隙，这样才能避免分散主体的杂光杂景进入画面；要善于大胆取舍，避免过于复杂，取其重要前景和背景，舍去无关紧要的景物，使画面简洁明了。

8.7.2　时机与光线的选择

（1）时机的选择

户外人像摄影的时机依季节不同而不同，但无论春、夏、秋、冬，都尽量不要在正午用顶光拍摄人像，因为顶光会使人物脸部产生浓重的阴影。以下是各季节（我国中部地区）在晴天太阳下户外人物摄影的最佳时机：

春天：7：30—10：00　15：30—18：00

夏天：6：30—9：00　　16：30—19：00

秋天：7：30—10：00　15：30—18：00

冬天：8：30—11：00　14：30—17：00

从以上列表中看出，春、夏、秋、冬的拍摄时段都在上午的早些时候和下午的晚些时候，这是因为，这个时候的光线比较柔和，色温也较合理。如果在各季节的起始段和终止段左右的时间拍摄，可以拍到人物、树林、灌木较长的影子，同时由于色温的偏低，会给人物、景物带来浓浓的暖意，使画面别有一番情趣。

（2）光线的选择

户外人像摄影要正确把握用光。侧光和逆光会使人物和景物产生层次感和立体感，画面的透视效果好，特别是逆光会使拍出来的人物产生美妙的轮廓感，还可强调头发衣着的质感，带来晶莹剔透的视觉感受。无阳光也能拍摄出美妙的户外人像。薄云遮日、阴天的天气光照，称为散射光，不管被摄者面向何方，照度总是平衡的。由于整个画面反差较小，应注意以下事项：一是服装与背景颜色的搭配（互补色）；二是充分利用镜头的功能使背景虚化；三是利用前景。这样的拍摄，能使主体与背景、前景分开，有层次感。

8.7.3　器材的选择

如果是拍摄风景、名胜古迹中的人物肖像，就选择标准镜头和广角镜头，由于景深范围大，可兼顾人物和背景的清晰度。光圈的设定尽量小一些。在使用广角镜头拍摄时，注意不要离相机太近，避免人物变形。

如果是拍摄以人物为主的肖像，就以80mm～200mm镜头为宜，此类镜头由于景深范围较小，可虚化掉杂乱的背景，从而突出人物肖像。光圈的设定可尽量大一些。

要想拍出好的户外人物肖像，反光板是缺一不可的辅助工具。由于拍摄户外人物肖像的最佳时间是上午的早些时候和下午晚些时候，又是在逆光和侧光中拍摄，亮度反差较大，反光板是给被摄人物暗部补光的极好工具。如果你没有专门的反光板，也可随身携带一张较大的白布或白纸来替代发光板，效果基本一样。

逆光照　　　　　　　　　　　无阳光照

图 8-21　户外逆光人像和无阳光人像

8.8　花 卉 拍 摄

一幅优秀的花卉图片必须具备：吸引人的主题，完美的用光，简洁的构图，和谐的色调。

8.8.1　突出主题

拍摄花卉，要通过用光、构图、色调对比、景深控制等技术手段把最引人入胜的地方突出出来。最起码的要求就是要把最精彩的部分拍清晰。小花最动人的地方是花蕊，为把它突出地表现出来，要使用手动近距，把焦距定在几厘米的位置，把光圈放到最小，以保证最大的景深；而许多卡片机没有手动对焦，可以退后使用长焦端拉近被摄主体。

花卉拍摄有一定的难度，一是手动聚焦距离不好掌握，在液晶显示器上看聚焦清晰了，可拍出来不一定清晰。二是小花卉一般比较低，不便于使用三脚架。三是在按下快门的瞬间，不能有任何风吹草动。解决的办法，只有反复拍摄，反复查验。

8.8.2　合理用好光线

对于花卉摄影来说，用光是至关重要的。在自然光线条件下，散射光和逆光容易拍出

图 8-22　花卉摄影《一枝独秀》

好的效果。散射光柔和、细致、反差小，能把花卉的纹理和质感表现出来。逆光画出轮廓，使质地薄的花卉透亮动人，而且可以隐藏杂乱的背景。

应该注意的是：在强烈的阳光照射下，用顺光和侧光，不容易把花卉拍好。雨后的清晨是拍花卉的好时段，花卉洁净娇艳；在散射光的条件下拍摄花卉，也应该细致地把握光线的角度，细心观察，认真运用。

图 8-23　突出主题

图 8-24　合理利用光线

8.8.3 注重拍摄时的正确曝光

有的朋友因为数码图片在制图软件上可以随心所欲地调整效果，而忽视拍摄时的曝光问题。其实不然，后期调整固然能改善拍摄时的不足，但是后期调整与拍摄曝光准确的图片的质感和色彩的饱和度相差是比较大的。所以拍摄时一定要重视曝光问题。不具备手动曝光功能的相机，一定要利用好曝光补偿功能，背景亮度高时，一般要+0.7 或+1；背景亮度低时，一般要-0.3 或-1，具体的补偿系数要视背景与花卉的亮度差来确定。总之，前期拍摄一定要重视曝光的准确度。通常认为：花卉摄影忌讳把花拍得"亮堂堂的"（花瓣曝光过度）。

图 8-25　正确曝光《一枝红杏出墙来》

8.9　儿 童 摄 影

8.9.1　儿童摄影的器材准备

如果你有足够的银子和"发烧度"，单反数码相机当然是最佳的选择。当然，大多数朋友还是会选择消费级数码相机产品，拍摄儿童推荐大家购买手动功能强、镜头光圈和变焦比大的准专业产品，时滞和连拍性能也是非常重要的参数。当然，要拍摄好的儿童照片，器材的选择只是一方面，人的因素是决定性的，很多人使用傻瓜相机和袖珍数码相机也拍摄了大量有趣的儿童照片，大家不要一味贪高求新，只要用心，哪怕千元级的产品也能拍摄出不错的儿童摄影作品。

图 8-26 儿童摄影 1

8.9.2 儿童状态和光线的调整

第一，应选择孩子一天中精神状态最好的时候，既不必吃得太饱，又不能有饥饿感。孩子感觉舒适的时候是拍好照片的保证。

图 8-27 儿童摄影 2

　　第二，由于孩子在陌生环境里常会表现出胆怯的情绪，家长应配合摄影师尽快使孩子适应摄影室的环境，同孩子玩耍，把孩子逗乐。

图 8-28　儿童摄影 3　　徐忠/摄

　　第三，儿童摄影讲究纯真、生动、写真，不要过分地摆布和模仿姿势。孩子或躺或坐，或站立或跳跃，表情或喜悦，或专注，应本着表现孩子自然、丰富的性格，而不必强求每张照片都要孩子望着镜头笑。

图 8-29　儿童摄影 4　　徐忠/摄

第四，儿童摄影的灯光要柔和，背景应简洁，忌色彩杂乱。另外，家长应带几套孩子最喜欢的服饰，供摄影者选择搭配。

本章思考与练习

1. 拍摄集体合影时，应把握哪些因素？
2. 日出、日落和彩霞的拍摄，白平衡应怎样调整？以什么部位来测光、曝光？
3. 在夜间摄影时，一次曝光和多次曝光（多重曝光）各是什么意思？怎样运用？
4. 在拍摄动体时，可使主体"凝固"，也可使主体模糊（达到更强烈的动感效果）。你是如何运用快门的？
5. "追随拍摄"的技巧是什么？
6. 舞台摄影应注意哪些拍摄技巧和方法？
7. 在户外进行人像拍摄时，应注意哪些因素？
8. 花卉拍摄的技巧有哪些？
9. 儿童摄影时，如何抓住儿童的自然状态？

—◦◉ 第 9 章 ◉◦—
黑白胶卷冲洗

实验八　135 黑白胶卷冲洗练习

实验目的：1. 掌握黑白胶卷冲洗过程；

2. 了解显影液、停显液和定影液的作用。

实验内容：学生持各自拍摄完的黑白胶卷，到指定暗房冲洗。内容包括：正确装片、把握好冲卷药液的温度；根据温度高低，控制冲洗时间；完成显影、停显、定影、水冲、干燥五个步骤。

主要仪器：

135 显影罐	每人一个
暗袋	每人一个
温度计	两支
冲洗盆、槽	10 件
镊子	20 支
显影液+停显液+定影液	人均 1000ml

实验时数：2 学时。

拍摄后的胶卷是看不到影像的，即潜影，而想将感了光的潜影转变为看得到的影像，就需要对此胶卷进行冲洗。冲洗正确与否直接影响成像质量。一卷胶卷的冲洗过程要经过显影—停显—定影—水冲—干燥五个步骤。

9.1　黑白胶卷的显影

9.1.1　显影工具

显影罐：显影罐起到明室冲卷的作用，将胶卷装入避光的显影罐后，冲洗的显影、停显、定影都在其中进行。

暗袋：是胶卷装入显影罐这一环节的外围避光工具，暗袋体积小，使用方便，可在任何明亮的室内环境中进行操作，不需要专门的暗房。

图 9-1 显影工具

温度表：显影时，药液的温度要求非常严格，只有在合适的药液温度下配合适当的时间才能冲洗出较好的底片。所以温度表的作用有两点：其一配药时用它衡量水温，其二在胶卷显影中调节和监视药液的温度。

量杯：量杯最好使用塑料制品，因为不容易摔破，也很轻便。一般以 1000ml 容量为宜。量杯主要用于配制药液，也可用做显影罐中药液倒入倒出的容器，还可起到观察药液的浑浊程度和损失状况（如果一罐药液冲洗过多的胶卷，药力将大大损失，这时需要加补或换新的药液）的作用。

9.1.2 显影的目的

将已拍摄曝光后的胶片放入化学药品——显影液中（D-76），显影液只对胶片上受了光的那部分卤化银起作用，即把受光部分的卤化银转变成金属银，没有受光部分的卤化银晶体不会转变成金属银。

9.1.3 显影步骤

（1）卷片过程

① 准备好要冲洗的胶卷及暗袋、显影罐、剪刀、量杯、温度计等。

② 将胶卷、显影罐放入暗袋中，并将暗袋锁好，不得漏光。

③ 卷片（暗袋中进行）：剪切胶卷尖端部分后，将片头插压在卷轴中心的弹簧内，并利用手指轻压胶卷两边，旋转卷轴，从里往外卷胶卷；卷到胶片末尾后，用剪刀剪断即可；将卷好的卷轴放入显影罐中，盖紧盖子，即可把整个显影罐从暗袋中取出。

（2）显影过程

① 显影时要控制显影时间。显影时间是通过显影液的温度来确定的（表 9-1），最理想的是 20℃，10 分钟。将显影罐上方小盖打开，倒入显影液（从倒入显影液开始计时）。

图 9-2 卷片过程

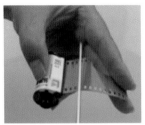
剪切胶卷尖端部分

片头插压在弹簧内

手指轻压胶卷两边

剪断片尾

卷轴放入显影罐中

盖紧盖子

图 9-3 卷片

表 9-1 常用显影液的温度—时间调整表

	16℃	17℃	18℃	19℃	20℃	21℃	22℃	23℃	24℃	25℃	26℃	27℃	28℃	29℃	30℃
D76（分钟）	13	12	11.5	10.5	10	9.5	8.5	7.5	7	6.5	6	5.5	5	5	5

打开小盖　　　　　　　　倒入显影液

图 9-4　倒入显影液

② 倒满显影液后，将小盖盖上，同时左右匀速晃动显影罐 10 秒，确保胶卷充分接触药液；之后，每隔一分钟晃动一次。显影到 10 分钟时，迅速将药剂倒出显影罐。

晃动示意图

显影液倒出显影罐

图 9-5　晃动并倒出

9.2　停显、定影

9.2.1　停显目的及停显

（1）停显目的

黑白胶卷经过显影后，需要用停显液停止显影。其功能一是中和掉胶卷上的显影液，即用停显液中的酸性中和掉显影液中的碱性，使显影立即停止，二是防止胶卷上残留的显影液污染和影响定影液。

（2）停显步骤

停显步骤很简单，就是在显影液倒出冲洗罐后，立即将停显液倒入冲洗罐，停显时间为 30 秒左右，并做搅拌操作。在没有配制停显液的情况下，也可用清水代替停显液，但在 30 秒之内应换水冲洗 1~3 次，并做搅拌操作。

9.2.2　定影目的及定影

（1）定影目的

胶卷经过显影后，仍有大部分乳白色状态的卤化银存在，定影的目的就是把胶卷上还未还原为黑色金属银的卤化银溶去，使胶片上只剩下黑色金属银影像，从而把影像固定下来。

（2）定影步骤

停显步骤完成后，应立即进行定影。把冲洗罐中的小盖打开，倒入定影液。掌握好定影液的温度与时间是关键。温度在 16℃~24℃，定影时间在 10 分钟为最佳；若定影液温度低于 16℃，就应该适当增加定影时间；若在 24℃ 以上就应该适当减少定影时间。在整个定影过程中，应每隔一分钟左右搅拌一下冲洗罐，使胶片各部分能充分定影。

定影液倒入冲洗罐中后片刻，就可打开冲洗罐大盖，在亮处边定影边观察。作为一种比较适用的定影原则，可按胶卷边缘透明为准，在此基础上再加一倍的时间来控制定影时间，比如定影 4 分钟时，胶卷边缘已透明，那就再加 4 分钟。

9.3　水洗与干燥

9.3.1　水洗目的

水洗是冲洗掉胶片上残留的定影液和银盐，使胶片上留下黑色金属银的影像。

9.3.2　水洗的方法

定影完后，将卷轴从冲洗罐中取出，放入大盆或大水槽内进行流水冲洗。水温在 10℃~25℃ 比较适宜。水温在 20℃ 时用流水冲洗 30 分钟，低于 20℃ 应适当延长冲洗时间，若水温高于 20℃ 应适当缩短冲洗时间。水洗一定要彻底，否则影像保存时间不长，还会发黄。

9.3.3　干燥目的及要领

干燥是将胶片上的水分彻底去掉，便于存放。在进行干燥操作时，首先把胶片上的水分抹去，可用干净的药棉、海绵来夹抹胶卷。水分处理掉后，再把胶卷直立挂起自然干燥。在挂起时，上端和下端都应用夹子夹住，避免胶卷自然卷曲造成乳剂膜的划伤。

图 9-6　流水冲洗 30 分钟

图 9-7　干燥

本章思考与练习

1. 黑白胶卷冲洗有哪几个步骤？
2. 黑白胶卷在显影过程中，应注意哪些问题？

—◈ 第 10 章 ◈—
黑白照片放大技术

实验九　黑白照片放大练习

实验目的：1. 了解放大暗房布局及设备；

2. 掌握黑白照片放大过程；

3. 掌握黑白照片冲洗步骤。

实验内容：学生持自己冲洗好的黑白底片，到指定的暗房进行黑白照片的放大和冲洗。

内容要求：熟悉放大机操作，正确把握放大时光圈和曝光时间的设定；根据放大的尺寸，调定放大尺板；练习冲洗照片全过程；根据密度的高低，把握好显影时间。

主要仪器：放大机 LPL6600　　　　　10 台套

放大机 C7700MX　　　　 10 台套

放大安全灯　　　　　　　 20 支

定时器　　　　　　　　　 20 个

镊子　　　　　　　　　　 20 支

显影液+定影液　　　　　 人均 1000ml

实验时数：4 学时。

10.1　放大暗房布局及放大机结构

10.1.1　放大暗房布局

黑白相片放大暗房的布局，主要以红灯（安全灯）照明、杜绝其他任何光源的进入为基准，以放大部分与冲洗部分设施分开（干湿分开）为宗旨。

放大暗房

放大部分

冲洗部分

图 10-1　放大暗房布局图

10.1.2　放大机的结构

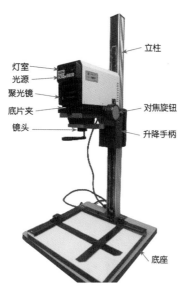

图 10-2　放大机结构

立柱。是放大机头升降轨道支柱，通过它可使机头固定在立柱的任何位置上，如想要照片放大一点，就往上升，反之向下降。

底座。是支撑立柱的坚实基础，放相时，也是放置放大尺板和相纸的平台。

灯室。内装光源，并有散热功能。

光源。起对相纸曝光的作用，是一种能更换的特制的白炽放大灯。

聚光镜。安置在光源与底片之间，把通过灯室的光线聚光后投射到底片夹上。

底片夹。可以取下，用以固定底片。有的放大机和底片夹是可以根据底片的大小进行调节的。

镜头。底片的光线由镜头聚焦后，投影到相纸上形成一个清晰的影像。镜头上有光圈，用以调节投射到相纸上的光亮度。

升降手柄。按下手柄，可升降机头来调整放大尺寸。松开手柄，即可固定调整后的尺寸。

对焦旋钮。通过前后旋转对焦旋钮。可上下移动镜头，使投射到相纸上的底片影像清晰。

10.1.3 放大部分其他配套设施

（1）放大曝光定时器

定时器连接放大机，达到对相纸影像的精确曝光。定时器有两种类型，一种是刻度式，一种是电子显示式。它们都是以秒来划分的。

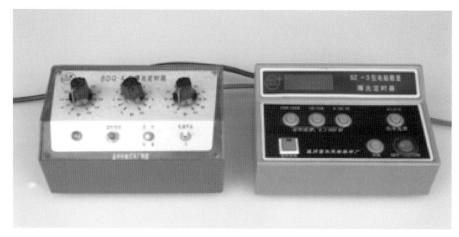

图 10-3　曝光定时器

（2）安全灯

黑白放大间，都是以红灯为安全灯，因为它对黑白相纸不感光，可起到一定的照明作用，对操作带来很大的方便。但是红灯的亮度不能太大（特别是不能靠近放大机旁边的安全灯），否则会干扰相纸，导致其产生灰雾。

暗房安全灯

放大安全灯

图 10- 4　黑白放相安全灯

（3）相纸的纸面和纸号

纸面：

① 光面纸——主要用来印放新闻宣传照片、生活照片等。光面纸可呈现底片上的每个细节，质感较强，所以用途广泛，使用较多。

② 绒面纸——用于人像或特殊风光照片。因为它有不规则的纹路，可使人物或风景更为柔和。

纸号：

为了适应不同密度、反差的底片，黑白相纸分为软、中、硬三类。国内生产的相纸以1、2、3、4号表示，依次表示软性、中性、硬性、特硬性。

如果底片曝光和冲洗正常，底片上的影像反差就不会有大的差异，这样的底片称之为标准底片，可用2号相纸放相。

图 10-5　正常底片

当底片密度较厚、反差较大时可用1号相纸放相，这样可降低影像的密度和反差。

图 10-6　较厚底片

当底片密度较薄、反差较小时，可用3、4号相纸放相，这样可提高影像的密度和反差；底片与相纸选择使用得当，放出的照片层次反差就好。

图 10-7 较薄底片

10.2 放大步骤

第一步 打开电源

打开所有应打开的电源，包括曝光定时器、红色安全灯等。

第二步 将底片放入底片夹

把底片夹从放大机头中抽出，将底片放入底片夹，底片放置时，乳剂朝下方，底片的顶部还应朝着自己，这样才能使投射到相纸上的影像不会颠倒。之后，将装好底片的底片夹插入放大机头中。

抽出底片夹

放入底片

插入底片夹

图 10-8 将底片放入底片夹

第三步 调整放大机头高度和放大尺寸大小

根据所放相片的大小，升高或降低放大机头；调节好放大尺板的尺寸。

第四步 对焦

用一张空白的相纸放入放大尺板的滑尺下，转动放大机对焦旋钮，直到把焦点调到最清晰。对焦时，光圈应开到最大位置，便于观察影像的对焦和裁剪。

第五步 调节镜头光圈和设定曝光时间

在底片密度、反差正常的情况下，推荐光圈设置在 F8，曝光时间随机头的高低增加或减少；如果底片密度厚、反差大时，光圈设置就应大一些，反之应该小一些。

调整放大机头

调整放大尺寸

图 10-9　调整

图 10-10　对焦

第六步　放入相纸

把对焦用的空白相纸取出，关闭放大机灯后放入一张新的放大纸，放大纸乳剂面朝上（反光的一面是乳剂面）。

第七步　曝光

按下曝光定时器上的曝光按钮，放大机上的放大灯将开启，并按设定的时间自动对相纸曝光。时间一到，放大灯自动熄灭，曝光完成。

调节光圈

设定曝光时间

图 10-11 调节镜头光圈和设定曝光时间

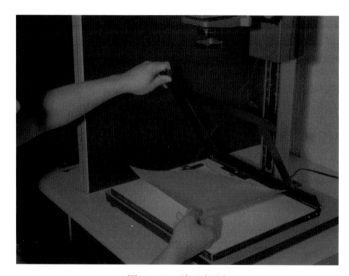

图 10-12 放入相纸

图 10-13 曝光

10.3　黑白照片冲洗方法

在放大照片的过程中，感光的相纸仍然是看不见影像的，只有把它进行显影后才能看到。而显影、停显、定影、水洗和干燥又是放大冲洗的完整工序，只有经过了这些工序才标志着一张照片的诞生。

图 10-14　黑白照片冲洗

10.3.1　显影

黑白相纸经过感光后，就放入显影液中进行显影。常用显影液为"D72"，温度为20°C，显影时间为 2 分钟最佳，并注意翻动相纸，使其充分均匀显影。在整个过程中，随着时间的延长，影像会由浅到深慢慢呈现出来。当影像的反差、层次、质感达到最佳时就应停止显影。这里特别要提出的是如果出现两个极端效果时，就应在放大曝光环节中重新设置曝光的光圈和时间。如果在显影时相纸很快变成全黑，说明曝光过度，需要缩小光圈或者减少曝光时间；如果在显影时相纸放入显影液中 2 分钟后影像的反差、层次还不够理想或者完全不出来，说明对相纸的曝光不足，需增大光圈或增加曝光时间。

10.3.2　停显

停显的作用有两个：其一，照片放入停显液后，会立即停止显影，以便观察显影效果，如认为显影不够，还可用清水洗一下继续放回显影液中显影。二是起到显影过渡到定影的中间缓冲的作用，避免更多的显影液直接进入定影液，使定影较早失败。停显液的配置可按 1000ml 清水加入 30ml 冰醋酸调配。如果未配置也可用清水代替。操作为，将照片从显影液中取出直接放入停显液，时间控制在 15 秒左右。

正常曝光效果　　　　　　曝光过度效果　　　　　　曝光不足效果

图 10-15　显影

10.3.3　定影

停显完毕后，将照片浸入定影液。常用于黑白照片定影的药液与冲胶卷的定影药液相同，即"F-5"，时间为 15 分钟，温度为 14℃~24℃。如果温度低于 14℃，可适当延长定影时间，如果温度高于 24℃，可适当缩短定影时间。定影过程中也应时常翻动照片，使其定影彻底。

10.3.4　水洗

定影后，必须经过彻底的水洗。宜用流水冲洗，作用是冲洗掉照片上所有残留的化学药品；否则照片会发黄，保存时间不长。在 20℃ 左右的水温下冲洗半个小时最佳。冲洗时注意时常翻动照片，这样可使照片冲洗彻底，也可防止由于冲洗盆中的照片过多产生粘连现象。

10.3.5　干燥

水洗完成后，应将照片上的水分彻底去掉。可用吸水纸、海绵擦干，并用夹子将照片平衡夹在固定物（铁丝、绳子）上自然晾干，这样便于保存。

图 10-16　干燥

本章思考与练习

1. 放大机的结构是怎样的?

2. 黑白照片放大有哪几个步骤?

3. 如果照片经过显影后，密度过大或过小，你将如何调整放大机的曝光?

4. 目前，我国生产的黑白放大相纸有 1 号、2 号、3 号、4 号，在放相时，你是如何选择的?